测绘兵器谱

WEAPON LIST OF SURVEYING AND MAPPING

陈翰新 何德平 向泽君 主编

测绘出版社

·北京·

内 容 简 介

本书主要介绍了测绘仪器的发展历程,并以近、现代测绘仪器为背景,将测绘仪器抽象化为与其功能匹配的武侠冷兵器,故名《测绘兵器谱》。采用科普语言,形象地描述测绘仪器的功能及应用,并附以精美详细的图片、图文并茂的讲解,语言诙谐生动,内容通俗易懂,从而达到普及测绘仪器知识、宣传测绘的目的。

本书可供测绘专业学生和教师、测绘工作者、相关研究人员及测绘爱好者作为典藏书籍。

图书在版编目(CIP)数据

测绘兵器谱／陈翰新,何德平,向泽君主编.—北京：测绘出版社,2019.7

ISBN 978-7-5030-4214-0

Ⅰ.①测… Ⅱ.①陈… ②何… ③向… Ⅲ.①测绘仪器—普及读物 Ⅳ.①TH761-49

中国版本图书馆 CIP 数据核字(2019)第 071660 号

| 责任编辑 | 李 莹 | 执行编辑 | 王宇瀚 | | | |
| 责任校对 | 石书贤 | 封面设计 | 杨晓鹏 | 装帧设计 杨迎江 | 绘画 | 王帅帅 |

出版发行	测绘出版社		电　话	010-83543965(发行部)	
地　址	北京市西城区三里河路 50 号			010-68531609(门市部)	
邮政编码	100045			010-68531363(编辑部)	
电子信箱	smp@sinomaps.com		网　址	www.chinasmp.com	
印　刷	北京时尚印佳彩色印刷有限公司		经　销	新华书店	
成品规格	210mm×270mm				
印　张	12.5		字　数	322 千字	
版　次	2019 年 7 月第 1 版		印　次	2019 年 7 月第 1 次印刷	
印　数	0001—3000		定　价	100.00 元	

书　号　ISBN 978-7-5030-4214-0

本书如有印装质量问题,请与我社门市部联系调换。

序　言

　　起初，当作者把这本图集的稿子递到我手里，请我作序时，出于对《测绘兵器谱》书名的好奇，就粗略地翻看了一下。没想到这一翻看，将我带入了测绘的武林。越翻越有兴趣，有些还来回地翻看了多次。我是第一次看到将测绘仪器和兵器相结合，每翻一页都是全新的画面。一件兵器、一件测绘仪器，通过文字、图片、三维模型等形式，为不同仪器重新赋予"兵器"名称。例如用于探测地下管线的管线探测仪，命名为"照妖镜"，用于航空测量的高空飞机，命名为"落宝金钱"等等，十分生动有趣，令我欣喜万分。

　　测绘仪器发展历史源远流长。早在公元前 1400 年，埃及就有了地产边界的测量；在公元前 3 世纪，国人就已经制作磁罗盘，用于确定方向；公元前 2 世纪，司马迁在《史记·夏本纪》中叙述了大禹为治水而进行的测量工作。到了汉代，我国测量各要素的工具已较为齐全，有规、矩、准、绳、表、圭、晷仪、罗经石、浑天仪、窥管等，涵盖了天文测量、方位测量、距离测量、水准测量各个方面。书中以测绘地理信息行业的各个仪器为主线，涵盖地面仪器、空中装备、水上装备、室内装备四大部分，搭配武器相应的兵器名称，配合三维建模技术，借助故事叙述的形式一一进行讲述，从一个新颖的角度解读测绘地理信息领域中大显神威的兵器，立体展示行业文化的博大精深。

　　书中以图辅文、以文叙图，从视觉感受和知识体系上建立起对测绘地理信息行业专业文化的了解和认识。以精美的原创文字和图片，从形态上精细还原各种兵器的外部形态和内部构造，系统讲解测绘地理信息行业各种"兵器"的性能特征、发展沿革、使用故事和实际应用。兵器种类涵盖天文测量、大地测量、工程测量、海洋测量、航空摄影与遥感测量、房产测绘、地理信息、地图编制等方面，形成了较为完整的专业体系。书中还以时间线为序，介绍了测绘仪器的发展史。在文字中配合历史名人事件，通过历史的进程展示其发展脉络。同时，从服务、载体等五个方面对测绘仪器的发展进行了展望。通过对历史的回顾和未来的展望，对照查阅相关资料更为便利，对专业知识的阐述也更为全面深入。

　　作为一名测绘工作者，我与测绘结缘算来至今年刚好 60 年。我是 1962 年从武汉测绘学院毕业的，至今一直围绕着测绘打转，从来没有离开过，特别是对于测绘仪器的研究，倾注了极大的精力。测绘的发展离不开测绘仪器的发展，我国测绘从传统技术体系向数字化测绘技术体系的转变也是因为测绘仪器的更新。但测绘毕竟是一个专业性比较强的行业，要被外人了解并不容易，尤其是测绘仪器。我也一直致力于测绘仪器的研究，但在普及测绘仪器方面做得不够多。好在，现在测绘行业对行业知识普及和宣传越来越重视。重庆市勘测院做的这个兵器谱，用通俗易懂的方式向公众介绍测绘地理信息行业仪器的运作原理、操作方式、运用层面等内容，不仅普及了测绘科学技术知识，还展示了测绘成果应用及测绘产业发展，这令我感到十分欣慰。

随着信息技术的发展，测绘现代化建设、测绘信息化发展进入了一个新的阶段。测绘服务在自然资源管理、城市发展规划、国民经济建设、国防建设等诸多领域的重要作用日益彰显。新时代有新气象，希望这部作品在信息化的浪潮下，能够发挥应有的作用，进一步宣传和发扬测绘文化，普及测绘知识，让更多的人了解测绘、关注测绘，为测绘地理信息事业的蓬勃发展做出积极的贡献。

中国工程院院士

2018 年 6 月于北京

目 录

前世今生

古代测绘仪器的发展

测绘工具的出现伴随着人类认识的发展和改造自然的历程。"左绳右矩，大禹开九州；经天纬地，坤舆绘掌间。华夏测绘，源远流长，历千秋而弥新，系万民之所依。"[1] 自古以来，先祖们就一直在寻找描绘地球表面事物的工具和手段。

古时候，测绘工具的重大发展往往与战争、灾害紧密相关，传说中最早的定向测绘工具指南车，就出现在黄帝大战蚩尤的时期。据说有一次蚩尤在作战时施展法术放出大雾，使黄帝的军队无法前行。黄帝着急了，赶紧召集部下商讨对策。风后向黄帝说，有一种磁石，能将铁吸住，将这种磁石做成特殊的形状，能够一直指向同一个方向，有了它就不会迷失方向了。黄帝认为这是一个好办法，就采纳了风后的建议。风后把做好的工具安装在一辆战车上，战车上再安装一个假人，根据工具的指引，假人的手始终指着南方，这就是最早的指南车了。凭着指南车，黄帝在战场上冲破迷雾，战胜了蚩尤。

西周初期也有关于指南车的传说。南方的越棠氏人来周面见天子，却在回国途中迷路，而周公就是用指南车护送越棠氏使臣回国的。

有正史记载的、我国最早的测绘工具是"准绳"和"规矩"。《史记》中有"左准绳，右规矩，载四时，以开九州，通九道，陂九泽，度九山"的记载，指的是大禹治水时使用测绘工具的

指南车

大禹治水

情景。虽然现在已经无法考证准绳和规矩的样子，但是古人利用测绘工具来改造自然、抵抗天灾，已经确定无疑。

根据记载，三国时期，魏国马钧于青龙三年（公元235年）制作了指南车，但未记录具体做法。[2] 三国之后，东晋、南北朝时期均有指南车的记载，但直到宋时才有较完整的描述。《宋史·舆服志》记述指南车仅用于帝王出行的仪仗，并对其机械构造有具体记载。利用指南车确定方向，标志着中国古代在齿轮传动和离合器的应用上已取得很大成就，是测绘工具巨大发展的证明。

江西德安陈家墩商遗址水井中出土的木垂球和木舥标墩，是迄今所见世界上最早的测量工具实物。在出土清理出的八口水井中，有四口为商代水井，四口为周代水井，而木垂球和木舥标墩是在井底被发现的。据考证，木垂球和木舥标墩用于开挖水井，保证深达11米的水井具有良好的垂直度和收缩度。[3]

西周晚期，出现了最早的界线测量实证——散氏盘。散氏盘因铭文中有"散氏"字样而得名。[4]

1.引自中国测绘科技馆序言。
2.王振铎：《科技考古论丛》，文物出版社，1989年。
3.于少先：《木质垂球及木质舥标墩——测量工具的始祖》，载于《寻根》，1997年第5期，10-11页。
4.《散氏盘》，参见"http://www.nlc.gov.cn/newgtkj/hxyz/qtq/201106/t20110629_45515.htm"。

散氏盘记述了两地界线和走向及测定顺序，记载了绘有此两地界线的地图，是我国现存最早的有关界线测量和地图的文字实证。

作为指南针的雏形，司南被认为是中国汉代乃至战国时代华夏劳动人民发明的一种最早的指南器。据《古矿录》记载，最早出现于战国时期的河北磁山（今河北省邯郸市磁山）一带。人们先发现了磁石吸引铁的性质，后来又发现了磁石的指向性，最后发明了实用的指南针。

强盛的汉朝不仅经济文化发展迅猛，测绘工具也大为发展。汉景帝墓的核心出土了一块巨石，石上刻槽指向正南正北，人称"罗经石"。修建陵墓时用其标定水平、测量高度和指示方位，这是目前世界上发现最早的石质测量标志。

汉代还出现了用于量测长距离的工具——记里鼓车。有关记里鼓车的文字记载最早见于汉代刘歆的《西京杂记》，可见在西汉时期，就已经有了计算道路里程的工具。车上的装置走一里路即打一下鼓，因而取名记里鼓车。[1]

史书中关于记里鼓车的记载比较多。据说大

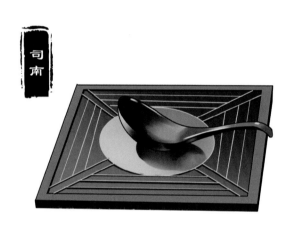

司南

罗经石

指南针

汉代记里鼓车

科学家张衡曾发明了一种分上下两层的记里鼓车，三国时期的马钧也是记里鼓车制作方面的机械专家。《宋史·舆服志》对记里鼓车的外形构造也有较详细的记述："记里鼓车一名大章车。赤质，四面画花鸟，重台勾阑镂拱。行一里则上层木人击鼓，十里则次层木人击镯。一辕，凤首，驾四马。驾士旧十八人。太宗雍熙四年[2]增为三十人。"科技史学家王振铎先生根据《宋史》的记载和张荫麟的齿轮系的排列，经过研究，对记里鼓车模型进行了复原。[3]

张衡的成就远远不止发明记里鼓车。东汉阳嘉元年（公元132年），张衡制成了世界上最早的地震仪——地动仪。关于地动仪的记述、传说比较多，但其图形和制作方法早已失传，我们看到的地动仪都是后人根据史籍复原的。

认清测绘江湖——从十八般武艺开始

1. 王兴一：《山西非物质文化遗产项目——跑鼓车》，载于《文物世界》，2010年第1期，57-60页。
2. 公元987年。
3. 李卉卉：《"记里鼓车"之相关问题研究》，载于《史林》，2005年第3期，89-95页。

除了发明地动仪，张衡还改进了浑天仪。浑天仪由阆中人落下闳发明，是浑仪和浑象的总称，浑仪是测量天体球面坐标的一种仪器，而浑象是古代用来演示天象的仪表。张衡继承和发展了前人的成果，于东汉元初四年（公元 117 年）铸造出一件成就空前的铜铸浑天仪。浑天仪主体是几层均可运转的圆圈，最外层周长一丈四尺六寸。浑天仪各层分别刻着内、外规，南、北极，黄、赤道，二十四节气，二十八列宿，还有"中""外"星辰和日、月、五纬等天象。仪上附着两个漏壶，壶底有孔。滴水推动圆圈，圆圈按着刻度慢慢转动，于是各种天文现象便展现在人们眼前。这件仪器被安放在灵台大殿的密室之中。夜里，室内人员把某时某刻出现的天象及时报告给灵台上的观天人员，结果是仪上、天上所现完全相符。[1]

在唐代，天文测量有了进一步的发展。以僧人一行（即张遂）为代表的天文学家主张在实测的基础上编订历法。后来，一行和梁令瓒等又设计、制造了水运浑象。这个以水力推动而运转的浑象能模仿天体运行，并附有报时装置，可以自动报时，称为"水运浑天"或"开元水运浑天俯视图"。特别是在水运浑天仪上，还设有两个木人，用齿轮带动，一个木人每刻（古代把一昼夜分为一百刻）自动击鼓，一个木人每辰（合现在两个小时）自动撞钟。这是一个十分巧妙的计时机械，是世界上最早的机械时钟装置，是现代机械类钟表的祖先。水运浑天仪比西方在公元 1370 年出现的威克钟要早六个世纪，这充分显示了中国古代劳动人民和科学家的聪明才智。

浑天仪

一行对测绘科学最大的贡献还在于组织、发起了一次大规模的天文大地测量工作。测量范围北至北纬51°左右的铁勒回纥部（今蒙古乌兰巴托西南），南至约北纬18°的林邑（今越南的中部）等地，这样的规模在世界科学史上是空前的。一行通过大规模的测量，还得到了地球子午线的长度。据估计，一行的测量值与现代测量值相比，相对误差大约为11.8%。[2]

除了天文测量，唐代还出现了精确测量高程的水准仪。其测量原理与今天的水准仪一样，不过唐代水准仪多出一个叫照板的装置。据史料记载，历史上大型的水利工程，如黄河治理，都利用它进行过大范围的水准测量。

宋代的沈括被称为"中国整部科学史上最活跃的人"，他的《梦溪笔谈》内容丰富，集前代科学成就之大成，记述内容涵盖数学、物理、化学、天文、地理、医药、军事、经济等各个方面，对于测绘理论和测绘工具的发展，做出了很大的贡献。

沈括对指南针进行了深入研究，也是在世界上最早用实验证明了磁针"能指南，然常微偏东"，提出了磁偏角存在的人。此外，沈括还进一步改进了浑天仪，并制造了测日影的圭表。通过实验，沈括意识到了蒙气差对测量精度的影响，主张采用三个候影表来观测影差，克服蒙气差对精度的影响。沈括据此制成的新式圭表，提高了北宋圭表测影的技术水平。[3]

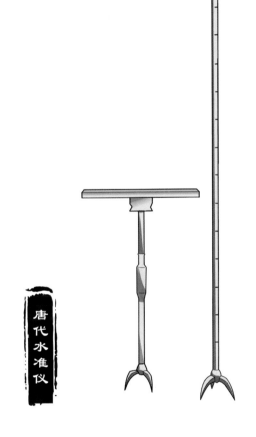

唐代水准仪

认清测绘江湖——从十八般武艺开始

1. 殷昱：《中华传统文化精要普及读本》，北京工业大学出版社，2007年，308页。
2. 白寿彝：《中国通史：第六卷》，上海人民出版社，2004年，1578-1580页。
3. 祖慧：《沈括的科学技术成就》，引自《沈括评传》，南京大学出版社，2004年，196页。

在沈括的基础上，元代的郭守敬于至元十三年（公元1276年）创制了新式测天仪器——简仪。郭守敬在创制、改进天文测量工具方面可谓成果丰硕，创制、改进了十二件天文台仪器、四件野外观测仪器。天文台仪器为简仪、高表、候极仪、浑天象、玲珑仪、仰仪、立运仪、证理仪、景符、窥几、日月食仪及星晷定时仪十二种，野外观测仪器分别为正方案、丸表、悬正仪、座正仪。其中主要的贡献是简仪、赤道经纬和日晷三种仪器的结合利用，可观察天空中的日、月、星宿的运动，且改进后的仪器不受仪器上圆环阴影的影响。[1]

郭守敬还提出以海平面作为基准，比较大都（今北京市）和汴梁（今河南省开封市）两地地形高下之差，这是"海拔"概念的第一次提出。[2]

明代航海规模的大幅度发展，催生了海上定向设备——航海罗盘的出现。明代航海使用的罗盘，以天干地支八卦五行命名二十四方向，代表了当时最先进的航海技术。

清代初期，又掀起一股科学浪潮。在这股浪潮中，产生两种主要的测绘仪器，分别是象限仪和地平经纬仪，两者均出现在康熙年间。

象限仪历经四年，于康熙十二年（公元1673年）完成，由来华的比利时传教士南怀仁监制。主要由象限环、数轴、竖轴、横轴、窥横等组成，用于测量天体的地平高度，即观测者到某颗星星的视线与地平面的夹角。

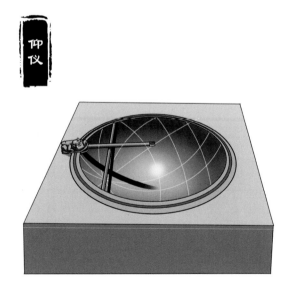

象限仪铸造精美，在象限弧的中间铸有一腾云戏珠的苍龙，造型优雅，同时又具有平衡重心的妙用，使整个象限弧的重心落在中心的立轴上。轴的两端是圆的，可以使象限弧垂直于地面自由地旋转。象限仪可测量 0° 至 90°，精度达到 1.8′，重约 2.5 吨。[3]

地平经纬仪制于康熙五十二年至五十四年（公元 1713—1715 年），由来华的耶稣会传教士德国人纪理安负责督造。地平经纬仪主要由地平圈、象限环、立柱、窥镜四部分构成，用于测量天体的地平坐标。地平经纬仪集地平仪和象限仪的构造和作用于一体，不同的是，将象限弧向上，游表不用夹缝的方法，改为采用游表两端各开一窥孔的方法，使用时减少了由于两架仪器测量所

地平经纬仪

象限仪

带来的误差；装饰上与之前的仪器有所不同，地平经纬仪是古观象台唯一采用西方文艺复兴时期法国式艺术装饰的天文仪器。[4]

观测天体时，先移动象限弧，使待测天体与弧面保持在同一平面上，并使待测天体及游表两端的窥孔成一直线；再固定游表，从地平圈和弧尺上读出待测星的地平经度和地平纬度。这已经非常接近现代光学仪器的水平角、垂直角观测。

认清测绘江湖——从十八般武艺开始

1. 梅朝荣：《超级帝国：破解中国最强悍王朝的密码》，武汉大学出版社，2006 年。
2. 洪晓楠：《十大科学家》，南京大学出版社，1998 年，99 页。
3. 苏娜：《探究中国古代天文仪器设计中的哲学智慧》，东北大学，2010 年，30-31 页。
4. 王福谆：《古代大型天文仪器》，载于《铸造设备与工艺》，2015 年第 3 期，62-68 页。

近现代测绘仪器发展历程

获取观测数据的工具是测量仪器，测绘学的形成和发展在很大程度上依赖测绘方法和测绘仪器的创造和变革。[1]

15世纪科学技术的提高和地理知识的进步，使远洋航行成为可能。15世纪至17世纪，在世界各地特别是欧洲国家发起的远洋活动，促进了各大洲之间的沟通，形成了众多新的贸易路线。

大航海时代对海上定位及航海图的需求，极大地推动了测绘方法和仪器的发展。

1569年，荷兰地图学家墨卡托首次采用圆柱投影法编绘世界地图，使航海者可用直线导航，对世界性航海、贸易、探险等起重要作用，对测绘地图学影响深远。至今大部分海图还采用墨卡托的投影方法。

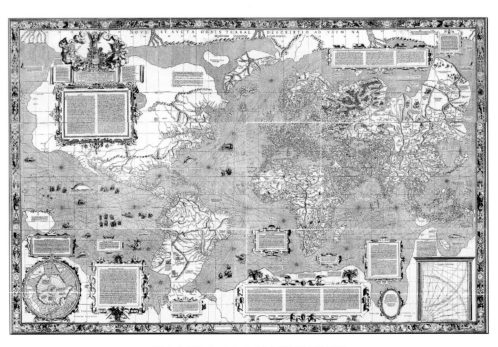

墨卡托于1569年绘制的世界地图

六分仪和航海钟是大航海时代最重要的两项发明，使海航者能准确确定航船在茫茫大海中的位置。

航海家可以通过对地平线与中午的太阳之间夹角的测量，或通过对地平线与某颗固定星之间夹角的测量来确定船只的纬度，这也是六分仪的主要工作原理。望远镜则是六分仪必不可少的组成部分。世界上最早可查证的望远镜记录是 1608 年米德尔堡眼镜制造商利伯希提交给荷兰政府的专利申请。1609 年，伽利略在此基础上进行了改进，制作了自己的望远镜并进行了天文观测。1640 年前后，英国的加斯科因偶然间发现落于镜头上的蜘蛛网有助于精确照准目标，于是他在望远镜透镜上加十字丝，用于精确瞄准。这是光学测绘仪器的开端。1730 年左右，美国人托马斯·戈弗雷和英国人约翰·哈德利分别独自发明了八分仪，其照准精确、价格便宜、使用方便，极受航海人员欢迎。

经度问题是 18 世纪最棘手的科学难题之一，而远程航海使得经度问题显得越发重要。1714 年英国政府正式颁布《经度法案》，该法案规定若有人能在地球赤道上将经度测量确定到半度范围内，就奖励两万英镑，这笔奖励在今天折合人民币约为 1 亿元。1735 年，英国的约翰·哈里森发明了第一台航海钟 H1。又经过多年的潜心研究和不断改进，1759 年著名的航海钟 H4 诞生。H4 精妙的设计能有效减弱和消除远洋航行中风浪及温度、湿度、气压变化对钟的影响。在远洋测试中，其测量结果比经度法案规定的精确度高出了两倍有余，最终赢得《经度法案》的奖励。航海钟的发明解决了经度的精确定位问题，使安全的长距离海上航行成为可能，引发了大航海时代革命性的巨变。

约翰·哈里森与他的海洋天文钟

1. 宁津生，陈俊勇，李德仁，等：《测绘学概论》，武汉大学出版社，2004 年，6 页。

1617 年，荷兰的斯涅耳首次采用三角测量的方法来测地球的周长，利用测角的方式代替在地面上直接测量弧长。从此测绘工作不仅量距，而且开始了测量角度。1737 年，英国西森制成测角用的经纬仪是现代经纬仪的原型，其关键的创新在于引入了望远镜，大大促进了三角测量的发展。

西森制造的经纬仪

随着测量仪器和方法不断改进，测量数据精度随之提高，测量数据处理的方法也不断创新。1806 年和 1809 年，法国的勒让德和德国的高斯分别提出了最小二乘准则，为测量平差奠定了基础。

19 世纪 50 年代，法国的洛斯达制定了摄影测量计划，成为有目的并有记录的地面遥感发展阶段的标志。到 20 世纪初形成地面立体摄影测量技术。

美国人莱特兄弟发明飞机是 20 世纪初最重大事件之一，他们在 1903 年 12 月 17 日进行的飞行被国际航空联合会（FAI）所认可。1909 年莱特第一次从飞机上对地面拍摄像片。得益于此，航空摄影测量成为可能。

莱特兄弟的"飞行者一号"的第一次飞行

1915 年制造出的自动连续航空摄影机，可将航摄像片在立体测图仪上加工成地形图，因而形成了航空摄影测量方法。在这一时期，又先后出现了摆仪和重力仪，重力测量工作得到相当迅速的发展，为研究地球形状和地球重力场提供了丰富的重力观测数据。

瑞士的大地测量家海因里希·维尔德极大地推动了光学测绘仪器的发展：在 1921 年推出了第一台光学经纬仪 T2，该仪器成为了 Wild 公司最经典的光学经纬仪；后续改进的 T2 直到 20 世纪 90 年代仍然在使用。可以说，17 世纪末到 20 世纪中叶以光学测绘仪器的发展为主，此时测绘学的传统理论和方法也已发展成熟。

海因里希·维尔德在测量觇标下进行测量

到 20 世纪 50 年代，测绘仪器朝着电子化和自动化方向发展。1943 年瑞典物理学家贝尔格斯川利用光电技术在大地测量基线上成功测定光速值，后期与瑞典 AGA 仪器公司合作。1947 年末，AGA 公司初步研制成功的"大地测距仪"，迈出了光电测距的第一步，虽然这种仪器体积大、笨重、耗电、精度低，但其成功地使用了人类向往多年的光电测距技术。1953 年，AGA 公司试制成功了第一台远程光速测距仪，其型号为 NASM-1。

AGA 公司的 NASM-1

认清测绘江湖——从十八般武艺开始

1960 年 7 月，美国物理学家梅曼研制成功了世界上第一台激光器。在激光器问世的第二年，就首先被用于距离测量的试验，从而产生了第一台激光测距仪。1963 年，Fennel 厂研制出第一台编码电子经纬仪，从此迈向了自动化测量的新时代。到了 20 世纪 80 年代，电子测角技术从当初的编码度盘测角，发展到光栅度盘测角和动态法测角，电子测角精度大大提高。1977 年，瑞士 Wild 公司推出了第一台具有机载数据处理功能的全站仪 TC1。1990 年，全球第一台数字水准仪 NA2000 诞生。

计算机是 20 世纪最重要的科学技术发明之一，对人类的生产活动和社会活动产生了十分深远的影响。它的应用领域从最初的军事科研应用扩展到社会的各个领域，已形成了规模巨大的计算机产业，带动了全球范围的技术进步，由此引发了深刻的社会变革，完全改变了人类的生活。随着电子计算机出现，由电子设备和计算机控制的测绘仪器设备得以发明，使测绘工作更为简便、快速和精确。

Wild 公司的 NA2000

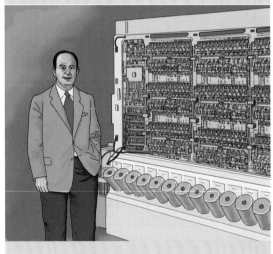

计算机之父冯·诺依曼

1957 年，苏联发射了世界上第一颗人造地球卫星斯普特尼克 1 号，人类的"太空时代"正式开启，千百年来人类只能从地球表面进行观测的历史得以改变。随后几十年，人类相继发射气象、资源、海洋等卫星，以光学和雷达遥感为探测手段，从太空对地球进行观测，获取人类所需要的各种空间信息。

美国自 1970 年开始研制高精度卫星导航定位系统，至 1995 年部署完成。这个由均匀分布在 6 个轨道上的 24 颗卫星组成的全球定位系统（GPS），使测绘工作出现了新的飞跃。

卫星导航定位技术推动了大地测量与导航定位领域的全新发展，基本取代了地基无线电导航、传统大地测量和天文测量导航定位技术。全球导航卫星系统不仅是国家安全和经济的基础设施，还是体现现代化大国地位和国家综合国力的重要标志。2007 年 4 月 14 日，我国成功发射了第一颗北斗卫星，标志着世界上第 4 个全球导航卫星系统进入实质性的运作阶段。目前北斗卫星导航系统已正式在中国和周边地区独立地提供卫星定位导航授时的区域服务，这标志着北斗"三步走"战略的第二步战略目标已顺利完成。现在我国的北斗卫星导航系统正在向着"第三步"——到 2020 年形成全球覆盖能力的目标迈进。[1]

认清测绘江湖——从十八般武艺开始

斯普特尼克 2 号中搭乘的太空狗

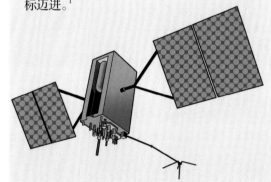

新一代的 GPS 卫星 Block ⅢA

---

1. 宁津生，姚宜斌，张小红：《全球导航卫星系统发展综述》，载于《导航定位学报》，2013 年第 1 卷第 1 期，3-8 页。

互联网始于 1969 年的美国。美国军方最初设计是为了提供一个通信网络阿帕网能异地对核武器进行控制。1983 年，美国国防部将阿帕网分为军网和民网，越来越多的机构和学校加入，渐渐扩大为今天的互联网。如今互联网用户数增长速度极快。截至 2016 年底，全球互联网用户数已超 34 亿，同比增长 10%，互联网全球渗透率达到 46%；中国移动互联网用户数已突破 7 亿，同比增长 12%。[1] 互联网经济中，信息交流和变更频繁，极大地促进了全世界的大融合。近年随着智能手机和移动互联网的普及，以及大数据、云计算的出现和运用，互联网迎来了新一轮革命。

互联网、计算机、空间技术三大技术的发展，直接促进了测绘从模拟时代进入数字化时代，再到如今的信息化时代。

20 世纪 90 年代以前属于模拟测绘阶段，测绘作业使用的设备主要有平板仪、经纬仪、测距仪、立体测图仪等。测绘作业人员劳动强度大，工作时间长，效率较低，测绘数据产品的呈现主要是纸质地图。

20 世纪 90 年代以后的数字测绘时期，测绘装备以全站仪、全球导航卫星系统、全数字立体测图仪等设备，以及遥感、计算机编图制图、地理信息等软硬件仪器系统为主。利用计算机在测绘专用软件的辅助下，生成数字地图，并通过打印机、绘图仪制成地图产品。在计算机的帮助下，测绘作业人员从繁重的计算工作中解脱出来，工作效率大大提高。

21 世纪，测绘工作进入信息化时代，以卫星、飞机等航天航空器搭载，将全球导航卫星系统技术、遥感技术、地理信息系统技术、网络与通信技术与数字测绘产品有机集合，实现空、天、陆、海一体化。测绘作业技术手段发生了革命性的变化，外业人员工作时间明显缩短，用于数据处理和信息分析的时间相对增加。该时期测绘产品的形式也更多种多样，用户可以通过声音、图片、视频等多种形式享受地理信息服务；地理信息服务的过程也实现了自动化、智能化和实时化。[2]

近年来，移动互联网、云计算、大数据物联网、人工智能等高新技术与测绘地理信息加速融合，新应用、新业务加速出现，测绘地理信息越来越大众化，与人们日常生活的联系越来越紧密。测绘与地理信息生产服务实现了高度网络化、信息化、智能化和社会化，按需、灵活、泛在的测绘与地理信息服务正在全面实现。[3]

1.《2017 年互联网趋势报告》，参见 "http://www.cbdio.com/BigData/2017-06/02/content_5531246.htm"。
2. 李朋德：《信息化测绘体系的协同发展》，载于《中国测绘》，2012 年第 4 期，34-39 页。
3. 宁津生，王正涛：《测绘与地理信息科技转型升级发展》，载于《地理空间信息》，2016 年第 2 期，1-5 页。

认清测绘江湖——从十八般武艺开始

初出江湖

乾元镜 ◎ 经纬仪

乾元镜与经纬仪都是坚实的基石，不管是单独使用还是配合其他神器使用，同样威力巨大、刺目非凡。

很多人小时候钟爱的暑期档莫过于唐僧带队大战各路妖魔鬼怪的《西游记》了。二十世纪八九十年代农村还是黑白电视，电视里永远只有那么两三个频道，有时候得依靠来回转动天线才能接收清晰的画面，倘若电视里出现《西游记》的画面，那心情无疑像吃了棒棒糖一样甜。

和小伙伴聚在一起围在电视机旁看着脚踩筋斗云的齐天大圣挥舞着如意金箍棒，憨态可掬的八戒手握九齿金耙大战妖怪，雷公电母手持雷神锤乾元镜开山劈石，便幻想着自己也能上天入地、呼风唤雨。不管是"玉虚十二门人"，还是"神、仙、佛、魔、妖、鬼"他们都有称心应手的兵器。那个时候，我们的疑问也埋在心底：这些厉害的兵器都是从哪来？

随着年龄的增长，我们渐渐明白了这些"神器"并不是现实存在的。

测绘行业中，拥有种类繁多的测绘仪器装备，其中经纬仪完全可以与"电母"手中的"乾元镜"媲美。

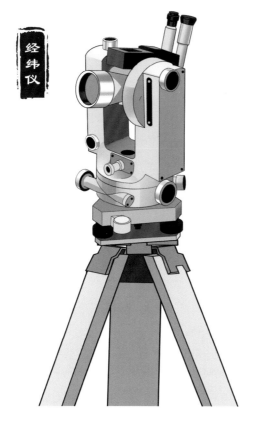

经纬仪

认清测绘江湖——从十八般武艺开始

　　乾元镜，电母装备神器，可以释放电光、开山裂石，它威力巨大、刺目非凡。经纬仪，一种根据测角原理设计的测量水平角和竖直角的测量仪器，它使望远镜能指向不同方向，具有两条互相垂直的转轴，以调校望远镜的方位角及水平高度。测量时，将经纬仪安置在三脚架用垂球或光学对点器将仪器中心对准地面测站点，用水准器将仪器定平，望远镜瞄准测量目标，就可以测出待测物体的水平角和竖直角。1730 年，第一台经纬仪研制成功，经改进后正式应用于英国大地测量中。至此之后经纬仪便开始了飞速发展，先后出现了游标经纬仪、光学经纬仪、电子经纬仪，并在此基础上研制出了电子速测仪（也称全站仪）。

　　在《西游记》中，不管是协助孙悟空降妖除魔还是呼风唤雨，总是少不了电母手持乾元镜的身影，可见在神话故事中，乾元镜是作为支撑故事情节的基础存在。在基础设施建设中，不论是地面测绘放样还是空中交会测量都能看到经纬仪的使用，尤其是难以到达的地方，正如乾元镜开山裂石、"电光"无处不及，这也奠定了经纬仪在基础设施建设中的基石作用。

　　经纬仪分为不同的种类，有着不同的特点。编码度盘经纬仪可自动按编码穿孔、记录度盘读数；自动跟踪经纬仪能连续自动瞄准空中目标；陀螺经纬仪和激光经纬仪是利用陀螺定向原理迅速、独立测定地面点方位的；供天文观测的全能经纬仪具有经纬仪、子午仪和天顶仪的三种功能；摄影经纬仪则是将摄影机与经纬仪结合在一起用于地面摄影测量……正如呼风唤雨时雷公的雷神锤和电母的乾元镜配合使用，将经纬仪与特定部件结合就可以达到非凡效果。

　　所以说乾元镜与经纬仪都是坚实的基石，不管是单独使用还是配合其他神器使用，同样威力巨大、刺目非凡！

拳头 ◎ 全站仪

拳头是江湖人最基本的武器，全站仪是测绘人最基础的装备。拳头只有一双，拳法却有很多种。正如多种多样的拳法能摆满一个展厅的，大概只有全站仪了。

古龙有一本武侠小说《拳头》，小说主人公是小马。

小马随时随地准备打架，并且随时随地可以打起来。他不用兵器，最信任的就是自己的拳头。尽管愤怒，但他并不是个血腥的人，最血腥的出手也就是打爆对方的鼻子。其实他更喜欢打对方的肚子，一拳打不到就打第二拳，无论你用什么样的招式反击，他还是一拳打在你的肚子上，直到你倒下。

拳头是江湖人最基本的武器，大侠行走江湖，难免一顿大酒，醒来丢了刀剑，但拳头是永远随身携带的。

测绘装备里，最类似拳头的就是全站仪。

全站仪是测绘人最基础的装备。一个测绘公司，如果只有一台设备的话，那一定会是全站仪。全站仪是在经纬仪的基础上集成了测距功能、电子计算和数据存储单元形成的。因此，全站仪的发展与经纬仪、电磁波测距仪的发展密不可分。

小马随时随地会和人打起来，而全站仪又是

测绘界使用最频繁的设备，随处可见。测绘工程、建筑工程、交通与水利工程、地籍与房产管理、大型工业设备和构件的安装与调试、船体设计施工、大桥水坝的变形监测、地质灾害监测和体育竞技等领域都能见到全站仪的身影。

1995 年底，南方测绘推出中国第一台国产全站仪样机 NTS-202。从此，中国的测绘人有了自己的"拳头"产品。

拳头只有一双，拳法却有很多种。全站仪同样种类繁多，正如拳法的多种多样，测绘兵器中能摆满一个展厅的，大概只有全站仪了。

不是用拳的人就一定打不过拿刀剑的，老顽童周伯通的空明拳也是拳，哪个剑客敢说武功比他更高。

全站仪是最基础的测绘装备，它很常用，但不要因此觉得它不高大上。

所以，全站仪就是测绘人的拳头。只不过，我们不愤怒，这个职业，让我们骄傲！

全站仪

认清测绘江湖——从十八般武艺开始

东皇钟 ◎ 超站仪

一件神器集诸多优点于一身，测绘装备里像东皇钟的当属超站仪了。

风靡一时的电视剧《三生三世十里桃花》的大结局中，东皇钟这件神器引起不少人的注意，对于平时没有看武侠小说习惯的观众而言，东皇钟可谓是第一次进入他们的视野。剧中的大反派擎苍被封在东皇钟下，夜华也因为用元神祭东皇钟而死。问题来了，东皇钟到底从哪来的？为什么能封住呼风唤雨的擎苍？为什么必须得生祭呢？

传说，上古天庭的主宰者东皇太一，出世之时怀抱着一个钟，这便是东皇钟，原名混沌钟。东皇钟随东皇太一在太阳中经历了漫长的孕育而出世，所以东皇钟吸收了太阳的精华，拥有先天至宝之力。在盘古开天辟地后，东皇太一手持东皇钟开辟了天庭，并将东皇钟化为天庭之门，以保卫天庭之用。东皇钟还具有创造世界的能力，它创造出了山海界和云中界。

东皇钟与盘古斧、炼妖炉、昊天塔、昆仑镜、神农鼎、女娲石、崆峒印、伏羲琴、轩辕剑并称上古十大神器。上古十大神器各有千秋，盘古斧穿梭太虚、炼妖炉炼化万物、昊天塔吸星换月、昆仑镜时光穿梭、神农鼎熬炼仙药、女娲石复活再生、崆峒印不老源泉、伏羲琴操纵心灵、轩辕

剑力量最强。而东皇钟作为十大神器力量之首，足以毁天灭地、吞噬诸天，换句话说就是得东皇钟者得天下。

蓦然发现，东皇钟这件神器测绘领域也有啊，一件神器集诸多优点于一身，测绘装备里当属超站仪了！

超站仪集合全站仪测角功能、测距仪量距功能和全球导航卫星系统定位功能；不受时间地域限制，不依靠控制网，无须设基准站，没有作业半径限制，单人单机即可完成全部测绘作业流程；克服了现在国内外普通使用的全站仪、全球导航卫星系统、实时动态测量技术的诸多缺陷。

在传统的测量中，无论是地籍测绘还是工程测量，无一不需要做控制网或控制点，而对于测量对象较少或者控制点引入困难的地区，比如采矿区，那么建立控制点无疑是一种效率低下的做法，而超站仪就很好地克服了这一问题。举例来说，在我们使用全站仪进行正常测量作业时，不管选择后方交会还是后视定向进行设站，都需要至少两个控制点，除了控制点引入工作烦琐之外还得考虑设站位置通视条件，在矿区、林区等地方进行测绘工作，工作效率就会受到极大影响。再如使用全球导航卫星系统进行测量工作时，遇到城区高楼较多、遮挡相对多一些的地方，卫星信号受到影响，可能一个点的采集时间会增加几倍，精度也得不到保障。上面这两种情况，一种是通视条件差、地形变化大但卫星信号无遮挡，一种是通视条件良好但卫星信号遮挡严重。这两种情况下测量工作都会受到极大影响。这个时候超站仪就可以派上大用场，在矿区、林区等测区不需要引入控制点便可实现数据采集，而在城区高楼较多的地方，可找一个卫星信号良好的地方设站直接完成对遮挡严重区域数据的获取，真正做到单人单机就可完成所有的测量工作。

超站仪集全站仪、全球导航卫星系统优势于一身，通视条件、地形变化等外界因素都不再是它正常工作的绊脚石。没有什么神器可以与测绘领域的超站仪相媲美了，也就只有东皇钟！

弩箭 ◎ 电子水准仪

电子水准仪，测量速度快，正似风驰矢飞，读数精度高，恰如穿叶箭雨。

电子水准仪又称数字水准仪，由威特公司于1990年首先研制出。它是在自动安平水准仪基础上，增加分光镜和读数器，采用条码标尺和图像处理系统，是取代人工读数的光机电测一体化的高科技测量仪器。

普通光学水准仪是利用一条水平视线，并借助竖立在地面两点的刻有刻度的水准尺，通过人工观测、读数、记录来测定地面两点间的高差。电子水准仪与普通水准仪的不同之处在于电子水准仪采用条码水准标尺、自动电子读数，还能将测量数据记录下来。故电子水准仪操作简捷、高度自动化，即测即用数字显示测量结果，大大减少观测错误和误差。

目前，电子水准仪广泛应用于国家一等水准测量及地震监测，国家二等水准测量及精密水准测量，国家三、四等水准测

量及一般工程水准测量。

　　弓、弩是古代远程攻击的主要武器。弩是装有张弦机构可以延时发射的弓，射手使用时，分为张弦装箭和纵弦发射两步。弩无须在用力张弦的同时瞄准，比弓的命中率显著提高，还可借助臂力之外的其他动力，能达到比弓更远的射程。弩机铸造精致，弓开如秋月行天，箭去似流星落地。古往今来，弩作为历朝历代都非常重视的冷兵器，经过各地的兵器制造者和发明者不遗余力地革新改造，创造了许多适应不同战争需要和各种兵种需要的弩箭。弩的名声流传至今，依旧深入人心。　无论是游戏还是小说中，弩均作为神兵利器出现。

　　如果说普通光学水准仪是弓，那电子水准仪就是弩。电子水准仪测量速度快，正似绝尘一骑，读数精度高，恰如穿叶箭雨。电子水准仪在投放市场后很快受到客户的青睐和认可，正如战争中弩箭顷刻间洒满天地。

电子水准仪

定海珠 ◎ 静力水准仪

静力水准仪，以静测动，以不变窥万变，任你翻江倒海，我自气定神闲。这种通过液面动静摆平世界的悠然气质和强大气场，正如赵公明手中的定海珠一般，"散发五色毫光、眩敌灵识五感"，看着简单，实则法力无边。

静力水准仪，顾名思义，是静力水准测量所用的仪器，可用于测量高差。静力水准测量是沉降监测方法中的一种，其他比较常见的还包括几何水准测量、三角高程测量和全球导航卫星系统测量。几何水准测量和三角高程测量，这两种方法容易受地形的限制，作业效率低、作业量大、测量精度低，自动化程度也不高。用全球导航卫星系统测量时使用成本更高，其平面相对定位精度已经达到毫米级，但其高程测量精度相比水平测量精度低很多，并且在接收卫星时周围不能有障碍物，否则容易引起多路径效应。几何水准测量和三角高程测量必须满足通视条件的要求，由人工进行测量。在核电站、大型建筑高点等恶劣环境下及地铁等空间狭小的环境下，传统的沉降监测方法都有局限性，这时就需要静力水准仪来帮忙。

静力水准仪运用了初中物理知识连通器原

理：连通器若装入同种液体，当液体静止时，各容器中的液面总保持相平。多支通用连通管连接在一起的储液罐的液面总是在同一水平面，通过测量不同储液罐的液面高度与静力水准仪的基点（不动点）进行比对，并通过公式计算可得出各个静力水准仪的相对差异沉降量。

早在 17 世纪初，罗马人布兰特就制作了早期的静力水准仪。其测量方法也实现了由目视法到目测接触法再到自动化遥测的飞跃。

目前，常见的静力水准仪主要有差动变压器式静力水准仪、光电式静力水准仪、磁致式静力水准仪、振弦式静力水准仪、电容式静力水准仪、超声波式静力水准仪及压差式静力水准仪。

静力水准仪精度高、稳定性好，如今已广泛应用于桥梁、隧道、基坑、地面、矿山、大坝等沉降测量，凭借自身优势，在核电站、高速铁路、地铁盾构、高层建筑、水电厂、大型科学实验设备等各测点不均匀沉降的测量中也得到了高效运用。

定海珠是《封神演义》中截教隐仙、天皇得道者赵公明的法宝，后来被燃灯道人夺走。定海珠由二十四颗珠攒成一串。小说原文曰："公明将此宝祭于空中，有五色毫光。纵然神仙，观之不明，瞧之不见，一刷下来，将赤精子打了一交。"不到一盏茶的功夫，赵公明用这个法宝接连打败了五位上仙。而且五个人都表示，自己只看到红光闪烁，其他什么也看不见，然后就被打得头晕倒地。原来，在五色毫光之中，二十四颗宝珠汇聚成了一颗大珠。

静力水准仪，以静测动，以不变窥万变，任你翻江倒海，我自气定神闲。这种通过液面动静摆平世界的悠然气质和强大气场，正如赵公明手中的定海珠一般"散发五色毫光、眩敌灵识五感"，看着简单，实则法力无边。

金眼神鹰 ◎ 激光水平仪

金眼神鹰眼神锐利，专降妖精；
激光水平仪聚精会神，检测水平。

北海，中国古代神话传说的"四海"之一。小说《封神演义》描述这里烟波荡荡接天河，巨浪悠悠通地脉。潮来汹涌，犹如霹雳吼三春；水浸湾环，却似狂风吹九夏。近岸无村舍，傍水少渔舟，浪卷千层雪，风生六月秋，野禽凭出没，沙鸟任沉浮。这里生活着宝血人鱼鲛，这里成就过龙吉公主和洪锦的美好姻缘，这里更有神兽——金眼神鹰。

金眼神鹰，来自北海的凶猛神兽，有着锐利的眼神、锋利的爪子、健硕的翅膀，二目如灯，专降妖精。

激光水平仪，测绘众多装备中一员，俗称投线仪。它能提供一个水平和垂直基准面，仪器扫描的激光束与墙面、地面、天花板或测量杆相交，可以看到明显的红色扫描光迹——激光水平面或垂直面，可为各工种、各操作工人提供一个共同的施工基准。水平仪不但操作简单，而且可以实现施工人员的实时测量，加快施工进度，保证施工质量，降低劳动强度。它在各种建筑施工、平整场地等施工工作中得到广泛应用。

激光水平仪还是一种测量小角度的常用量具。在机械行业和仪表制造中，用于测量相对于水平位置的倾斜角、机床类设备导轨的平面度和直线度、设备安装的水平位置和垂直位置等。

其实在我们的生活中，激光水平仪无处不在，无论新家的装修选用什么风格，地板墙面的横平竖直都是最起码的要求。当你想在沙发后墙上挂一系列的画，且希望将这些画框挂在一条直线上，如果你有一个激光水平仪，这时可以带来意想不到的便利。

激光水平仪投出的射线好似金眼神鹰锐利的眼神，激光水平仪聚精会神检测水平正如金眼神鹰瞪大双眼。所以，激光水平仪就是测绘装备界的金眼神鹰。

认清测绘江湖——从十八般武艺开始

光剑 ◉ 手持激光测距仪

星战中的光剑是"原力"拥有者手中的上好武器，"剑刃"出鞘，便散发出魔幻般的色彩，可攻可守，发挥神力。手持式激光测距仪是生产生活中的好帮手，"剑刃"出鞘，测量便得心应手。

随着雄壮的音乐声，在浩瀚宇宙的背景下，一艘硕大的太空飞船从头顶上飞过，那是观影中少有的震撼感，令人至今记忆犹新。40多年前，星战系列第一部电影作品《星球大战：新希望》面世，无法想象当时卢卡斯是如何打造这一极富想象力的银河异境，造就这一跨时代的科幻巨作。

星战开篇之作在引入"黑暗帝国""绝地武士"等一系列专属名词的同时更增加了古老的"原力"概念，加之"绝地武士"、西斯等原力敏感者所持有超前卫的武器——光剑，这些神秘的、科幻的元素无疑让星战影迷们热烈推崇，也是星战系列影片得以长久不衰的秘密武器。

无论是在《星球大战》的电影、小说还是游戏中都可以看到光剑的身影，其在美国科幻文化中被广泛接受。传统的冷兵器有绚丽的柄、锋利的刃，而光剑的物理结构只有剑柄，其剑柄内部可以释放强大的能量，通过磁场约束形成色泽不一的"剑刃"。在攻击过程中，它可以穿透任何物体；在防御形态下，它可以反射来袭爆能束。光剑攻守自如，是一件得心应手的利器。

那么在测绘领域中有没有这种普遍存在且简

光剑

认清测绘江湖——从十八般武艺开始

易的测量利器呢？

　　答案是肯定的，在众多测绘装备中找到这种利器并不是难事，手持式激光测距仪就属于这类测量利器。自 1961 年美国休斯飞机公司研制出第一台激光测距仪后，激光测距仪就开始迅猛发展。近年来随着半导体激光器和集成电路技术的发展，出现了面向大众日常生产生活且低价便携的手持式激光测距仪。

　　手持式激光测距仪属于短程激光测距仪，具有体积小、重量轻、精度高、使用方便和性价比高等优点，能够精确地测量室内外各种难以接近部位的距离。它的物理结构类似于光剑，只有"剑柄"没有"剑刃"，使用时只要按"触发器"就会触发"剑刃"出鞘。在使用过程中，只需要将它的"剑刃"对准待测物体，按下"触发器"就可无接触获取待测物体的距离数据，所向披靡。

　　手持式激光测距仪虽然小巧，但是功能强大，不仅克服了早期采用刻度尺人工测量的弊端，还可以获取周长、面积、体积、角度和平均值等数据。手持激光测距仪看似外形简单，其实内涵丰富，具有涉及光学、电子学和精密仪器等学科的复杂

系统，无处不体现着现代科技感。它的简单便携决定了它在生产生活中的地位，它不仅被应用在测绘领域，还被应用在家庭装修、工程装潢、电力、通信、农林等非测绘领域。

　　星战中的光剑是"原力"拥有者手中的上好武器，"剑刃"出鞘，便散发出魔幻般的色彩，可攻可守，发挥神力。手持式激光测距仪是生产生活中的好帮手，"剑刃"出鞘，测量便得心应手。

万里起云烟 ◎ 电磁波测距仪

万里起云烟就像测绘仪器里的电磁波测距仪。火箭如电波射入城中便东西南北各处火起，相府皇城到处生烟。黑烟漠漠，长空不见半分毫；红焰腾腾，大地有光千里赤。初起时灼灼金蛇，次后来千千火块。

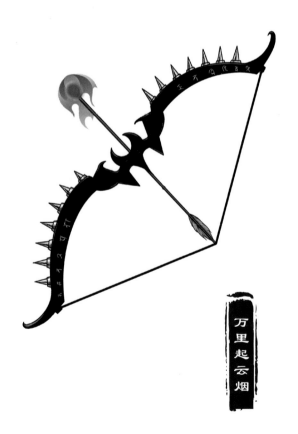

万里起云烟，乃是火箭，是神话小说《封神演义》里拥有南方三气火德星君正神之职的罗玄所使用的神器之一。万里起云烟就像测绘仪器里的电磁波测距仪。火箭如电波射入城中便东西南北各处火起，相府皇城到处生烟。黑烟漠漠，长空不见半分毫；红焰腾腾，大地有光千里赤。初起时灼灼金蛇，次后来千千火块。

电磁波测距仪，顾名思义，就是以电磁波为载波来测量距离的仪器。从20世纪40年代开始，雷达及各种脉冲式和相位式导航系统的发展，促进了人们对电子测时技术、测相技术和高稳定度频率源等领域的深入研究。在此基础上，贝里斯特兰德和沃德利分别于1948年和1956年研制成功了第一代光电测距仪和微波测距仪。

以电磁波为载波传输测距信号的测距仪器统称为电磁波测距仪，按其所采用的载波可分为微波测距仪和光电测距仪，光电测距仪又分为激光

测距仪和红外测距仪。微波测距仪和激光测距仪
多用于远程测距，测程可达数十千米，一般用于
大地测量；红外测距仪用于中、短程测距，一般
用于小面积控制测量、地形测量和各种工程测量。

根据测定时间方式的不同，光电测距仪又分
为脉冲式测距仪和相位式测距仪。脉冲式测距仪
是通过直接测定光脉冲在测线上往返时间来求得
距离；相位式测距仪是利用测相电路测定调制光
在测线上往返传播所产生的相位差，间接求得时
间，进而求出距离，测距精度较高。

随着光电技术的发展，电磁波测距仪的运用
越来越广泛。与传统量距方法相比，电磁波测距
具有测程远、精度高、操作简便、作业速度快和
劳动强度低等优点。电磁波测距仪主要用于精确
测量两点之间的距离，实现了"量距不用尺"，广
泛应用于测绘、工业测控、军事等领域。

电磁波测距仪

认清测绘江湖——从十八般武艺开始

星辰剑 ◎ 激光准直仪

激光准直仪就是星辰剑，既有气冲霄汉的力量与光芒，又有妙至毫巅的精锐与细腻，在精密测量的应用场景中，将人类智慧的光芒带到每一个黑暗的间隙，照亮那里的星辰大海。

星辰乃宇宙中星体的总称。远古洪荒，仙侠传奇的作品中常用沟通、感应星辰之力进行修炼，牵引星辰的力量入体，提升个体的武力。后有能人将星辰的力量灌注入剑体之中，取名星辰剑，对敌时释放星辰的力量以制敌。有能量的加持，星辰剑坚韧锋利，破坏性、穿透性极其强大。

星辰剑，破天地之混沌，耀乾坤之灵光，剑光艳丽，剑气通达。此剑不畏黑暗、不惧浑浊，光芒炫目、刚直、锐利、不弯、不折、不垂、不散。星辰之光在手，一剑扫阴霾，出鞘定江山。

在光能量的世界里，能与星辰剑相映相辉的，当推激光束。

激光是 20 世纪 60 年代发展起来的最新科学技术成就之一。激光束是一条能量集中的直线，它能量高、方向性好、穿透性强，具有独特的单色性和相干性，已日益广泛地应用于各领域中：如用于军事领域的激光枪、激光炮，工业领域的激光切割机、打孔机等。在测量领域，激光技术的应用也发挥着越来越高效、成熟的作用。

以激光束为基准的激光准直仪是用来测量直

星辰剑

激光准直仪

线的直度和与此相关联的平面的平整度、平行度、垂直度及三度空间形状的新型仪器。它是一种比光学经纬仪更为先进的光学仪器，有精度高、操作简便、稳定性好、使用灵活等多种的优点，主要应用于精密测量行业。

例如，在装配或修理中，零件的装卸要穿越基准线，对拉钢丝测量而言，就要破坏基准线，而使用激光束测量，则不会破坏基准线，所以激光准直仪特别适于随测量、随修理、随检测、随调整的场合。激光束射入接收器，经过计算机处理修正后，可迅速测出被测物体的直角坐标 X、Y 值，并用图示反映坐标位置情况，减少了用传统测量方法产生的人为误差。

各种基于精密测量需求的场景，都有激光准直仪的用武之地，如：大坝水平位移检查、垂直度检测；高楼上升期间内控坐标传递、垂直度检测；仪器设备安装对中、调整；基建设备安装中，找正各轴承座中心，测量调整汽缸转子动静部分间隙；发电厂汽轮机检修汽封间隙偏差量的调整；科研、职业技术院校实验教学等。

杜甫诗云："郁郁星辰剑，苍苍云雨池。"诗圣以星辰宝剑被掩埋于地下、光芒不显，来形容自己志不得伸、策不得展的忧郁心情。在文人的世界中，总是伴随着太多才、物不能尽其用的伤感故事；但在科技之光的世界里，如星辰剑一样的利器绝不会演绎出被埋没的剧情。

激光准直仪就是星辰剑，既有气冲霄汉的力量与光芒，又有妙至毫巅的精锐与细腻，在精密测量的应用场景中，将人类智慧的光芒带到每一个黑暗的间隙，照亮那里的星辰大海。

四象塔 ◎ 求积仪

四象塔力量的奥秘在于不断地转化、融合，从而生成一种新的能量形式。小小的求积仪，竟也暗合其中要义，将图纸上的线条属性——追踪、提取、运算转化，形成了面积这一新的成果。

　　四象塔是《封神演义》中金灵圣母威力无边的法宝；求积仪是模拟测图时代里测量员不可或缺的利器。

　　四象塔汇聚四个方位的星群能量，势大力沉、轰天震地；求积仪则通过游走于各个方向的不规则轮廓线上，将测图区域的面积一探而出、精准无比。

　　四象在《易传》中指老阴、少阴、少阳、老阳，后又代指东、西、南、北四个方向上的群星，即"青龙""白虎""朱雀""玄武"。所谓"四象生八卦"，想必四象塔力量的奥秘在于不断地转化、融合并生成一种新的能量形式。

　　小小的求积仪，竟也暗合其中要义，将图纸上的线条属性——追踪、提取、运算转化，形成了面积这一新的成果。

　　测绘人都知道，在模拟测图时代，有时需要在纸质地图上量测不规则图形的面积。在求积仪诞生之前，我们除了图解拐点坐标来计算面积，还可以将图形分割成无数三角形来计算面积。但这两种方法都存在效率低、精度差的弊端。随着求积仪的诞生，这些问题得到了很好的解决。求

四象塔

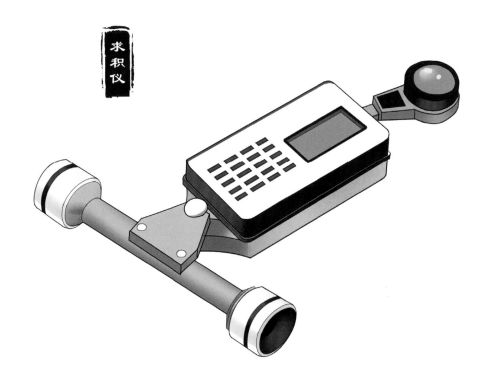

求
积
仪

认清测绘江湖——从十八般武艺开始

积仪可以快速测定任意形状、任何比例图形的面积，其已广泛应用于地籍测量、规划编制、建筑设计、地质断面等工程领域。

　　求积仪最早在航海业出现，而且是指针式的。求积仪按工作原理，可以分为机械和电子求积仪两种。机械求积仪是根据机械传动原理设计，主要依靠游标读数获取图形面积，不仅笨重、粗大，而且精度低，还需要做大量的人工标记、计算工作。随着电子技术的迅速发展，人们在机械求积仪的基础上增加了脉冲计数设备和微处理器，从而形成了电子求积仪。电子求积仪可非常直接地为人们提供测量数据，其测量效率高，精度也不错，直观性很强，越来越受到人们的青睐，已逐步取代了机械求积仪。

　　那么问题来了，怎么使用求积仪测量面积呢？测量时应先将图纸固定在平整的图板上，然后将跟踪放大镜放在图纸的中间位置，并使动极轴与键盘边缘成90°，测量前将求积仪的跟踪放大镜在图纸上试运行，使之移动平滑无阻。在测算面积图形的边界线设起点 A，使跟踪放大镜中心点与起始点 A 重合，跟踪放大镜中心沿边界线按照顺时针方向移动，最后回到起点 A，这样就完成了一次面积测算工作。

　　远古神话时代里，虽然金灵圣母在"万仙阵"之战中不幸殒命，但四象塔却让我们印象深刻，它融通四象，携"阴阳之气""玄黄之威""洞天之力"，捍卫着作为上古法宝的尊严。

　　同样，模拟测图时代已经离我们远去，但求积仪所彰显出的准确、高效、直观被每一个测绘人称道和铭记。

　　求积仪，堪称四象塔，正宗法宝、好用省心。

昊天镜 ◎ 全球导航卫星系统接收机

昊天镜通过向敌人发出耀眼的光芒，来准确找到其位置，能够让神魔鬼怪无所遁形。全球导航卫星系统接收机，已经隐藏在大家的手机、车辆里。当我们开启定位，它能够迅速接收卫星信号，准确定位到我们的位置。这原来只能在神话传说里实现的事情，在当代已成为事实！

以手循之，当其中心，则摘然如灼龟之声。它就是昊天镜。

在电子游戏《轩辕剑》中，昊天镜，其质非金非玉，甚是沉重。背有蝌蚪文的古篆和云龙奇鸟之形，看似隆起，摸上去却又无痕，非刻非绘，深没入骨。正面乍看，青蒙蒙的微光。定睛注视，却是越看越远。内中花雨缤纷，金霞片片，风云水火，在金霞中现形，随时转换，变化无穷。

昊天镜通过向敌人发出耀眼的光芒，来准确找到其位置，能够让神魔鬼怪无所遁形，据说其能量来自大地之灵气、日月之光辉，所以想要逃出昊天镜的侦查范围是不可能的。

全球导航卫星系统接收机是全球导航卫星系统中的用户设备部分，其主要任务有两个。第一个任务是捕获待测卫星并跟踪这些卫星的运行轨迹；第二个任务是对所接收到的卫星信号进行转换、放大和处理，需要测量出卫星信号从卫星到接收天线的传播时间，从而解算出接收机的空间位置。

全球导航卫星系统接收机根据其用途可以分为导航型接收机、测地型接收机、授时型接收机三类。导航型接收机主要用于运动载体的导航，采用单点实时定位，可以实时给出载体的位置和速度，常用于智能手机、健康跟踪设备、车辆、船舶、航空器等载体。测

昊天镜

地型接收机主要用于精密大地测量和精密工程测量，采用载波相位观测值进行相对定位，定位精度高，当然价格也不菲，是我们测绘人常用的高档"兵器"。授时型接收机主要利用全球导航卫星系统提供的高精度时间标准进行授时，常用于天文台、无线通信及电力网络中时间同步。

　　全球导航卫星系统接收机的核心技术是卫星导航芯片技术，导航芯片的优劣很大程度上决定了卫星导航产品的性能，影响接收机的体积、重量、成本等指标，所以说全球导航卫星系统接收机的发展与导航芯片的发展是同步的。随着卫星数量和广播民用信号的增多，多频多星座兼容接收机的研发已成为卫星导航技术领域的研究重点与热点。多系统的组合已成为总趋势，从而要求接收机均应具备兼容和互操作性，不断向更轻、更小、功能更齐全方向发展，如测量行业的实时动态测量产品、全球导航卫星系统个人手持定位系统等。

　　吴天镜，平常也就是一块普通的镜子，但当它发挥作用时，能迅速锁定目标位置，发出蕴藏无限力量的光束，击败敌人。

　　全球导航卫星系统接收机，已经隐藏在大家的手机、车辆里。当我们开启定位，它能够迅速接收卫星信号，准确定位到我们的位置。这原来只能在神话传说里实现的事情，在当代已成为事实！

认清测绘江湖——从十八般武艺开始

天机棒 ◉ 全球导航卫星系统接收机天线

在实时动态测量作业中，忘记带全球导航卫星系统接收机天线的测绘人，犹如失去天机棒的天机老人一样功力损伤过半，自然是达不到自由的作业效果。

夕阳下，车水马龙卷起漫天尘土；古道边，江湖客栈传来欢声笑语。

江湖客栈的台上有两位说书人，一位是白发苍苍，穿着蓝布长衫的老者，一位是楚楚动人，衣着俏皮的少女，独特的组合，诙谐的语言。台下，整齐的桌子上分别放着一碟吃食、一壶茶水，一群风尘仆仆的江湖人在津津乐道，品味江湖事，诉说江湖情。

众所周知，说书人是江湖卖艺的爷孙俩，点评的不过是传说中的江湖事。大家一定没想到，台上那位手持二尺长烟袋的耄耋老者就是传言中的孙白发，也被称为天机老人，是江湖中的绝顶高手，风尘异人。而他也正是兵器谱排名犹在子母龙凤环和小李飞刀之上的天机棒的唯一使用者。

在古龙小说中，天机棒的学名叫作如意棒，千变万化，妙用无方。有传言说天机棒是以稀世夔星石与如意玉石铸造而成，棍节环绕七彩光环，灭敌于光影瞬间，是天机老人的称手利器。天机老人洞晓天下事，看破人心险恶。所谓天机不可泄露，就算其他人拥有天机棒，也不会知道它的妙用。所以，天机棒和天机老人一样受江湖人推崇，充满神秘感，也充满传奇色彩。

全球导航卫星系统接收机天线是全球导航卫星系统接收机不可或缺的一部分，小小的天线暗含大大的学问，可谓测绘装备界的天机棒。测绘人手持全球导航卫星系统接收机翻山越岭，像天线宝宝一样穿梭在大街小巷。测绘人能做到这样摆脱束缚的测量作业主要得益于全球导航卫星系统接收机天线的发展。在实时动态测量作业中，忘记带全球导航卫星系统接收机天线的

认清测绘江湖——从十八般武艺开始

测绘人，犹如失去天机棒的天机老人一样功力损伤过半，自然是达不到如此自由的作业效果。

对于测绘人来说，全球导航卫星系统接收机天线是将卫星发射来的无线电信号的电磁波能量变换成接收机电子器件可获取应用的电流。另外它还具有增益图形，也就是方向性，利用全球导航卫星系统接收机天线的方向性可以提高其抗干扰和抗多路径效应的能力。在精确定位中，全球导航卫星系统接收机天线相位中心的稳定性是个很重要的指标，相位中心的稳定性直接决定定位精度，所以上文才提到小小的天线暗含大大的学问。但对于非测绘人来说，他们会纳闷：这台仪器是干什么的？上面支出来那根天线是干嘛的？无疑，全球导航卫星系统接收机天线是具有神秘感的，最常见的问题就是：这根天线是避雷的吗？测绘人笑而不语。亦如江湖人口中极力推崇的天机老人和天机棒的传说，只有路人的无限遐想。

时过境迁，沧海桑田，两个时空仿佛交错重叠，使人神迷向往。耳边似乎传来客栈中抑扬顿挫的说书声、茶水声、吃食声、议论声，又"听见""怎么不拧天线？记住长的是电台天线，短的是网络

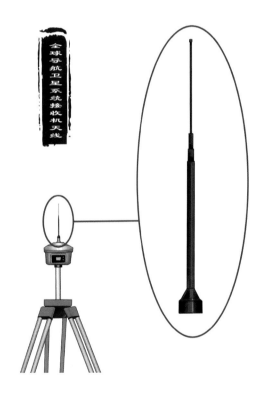

天线！"的再三嘱咐。

江湖中，人们茶前饭后地讨论着天机老人与天机棒的传说。

测绘界，"天机老人"使用"天机棒"测天绘地谱华篇！

轩辕剑 ◎ 手持全球导航卫星系统采集仪

手持全球导航卫星系统采集仪，犹如轩辕剑，现代科技与远古神话在哲学的花园里来了一次优雅的相遇。

古代装有帷幕的车叫"轩"、古代车前面用来驾牲口的两根直木叫"辕"，"轩辕"合起来就是指古代的车。传说车是黄帝为减轻游牧民族迁徙中的不便而发明的，所以人们就称黄帝为"轩辕氏"。黄帝是中华民族的一面旗帜，是中华文明的奠基人。

在电子游戏《轩辕剑》中，传说"轩辕剑"是由众神采首山之铜为黄帝所铸黄金色之千年古剑，其内蕴藏无穷之力，为斩妖除魔的旷世神剑。轩辕剑被尊为上古十大名剑之首，绝非仅因它利刃的锋芒，更多是因为此乃圣道之剑。其剑身一面刻日月星辰，一面刻山川草木；剑柄一面书农耕畜养之术，一面书四海一统之策。它是文韬武略两种思维的融合、两种智慧的结晶，不怒自威，伦常自立。

在测量装备领域，将两种思维神功合体并焕发新生的，当属手持全球导航卫星系统采集仪，它是由全球导航卫星系统和移动地理信息系统合成的设备。

手持全球导航卫星系统，是继桌面地理信息系统、互联网地理信息系统之后又一新的技术热点。随着信息化测绘时代的到来，移动定位、移动办公等越来越成为企业或个人的迫切需求，移动地理信息系统应运而生，随时随地获取地理信息因此变得轻松自如。在众多移动地理信息系统中，手持全球导航卫星系统因其携带方便、使用灵活而深受用户喜爱。

手持全球导航卫星系统采集仪是基于全球导航卫星系统导航定位的原理，再辅以移动互联网的功能研制出来的。可以说是全球导航卫星系统导航定位＋移动互联网这两大"神功"融合出来的新的"绝密武器"，能实现随时随地的地理信息交互。

由于手持全球导航卫星系统采集仪有定位（测出一个点的位置坐标）、导航（指引用户到达目的地）、记录航迹三大主要功能。因此它在林业、农业、地质、通信、电力、水利、交通、环保、气象、地震、军事、石油、海洋、城建等行业都有广泛的应用。

全球导航卫星系统导航定位和移动互联服务，是手持全球导航卫星系统采集仪的两大核心。这是准与快、静与动、云与端的融通。正如轩辕剑

手持全球导航卫星系统采集仪

的一体两面：文与武、智与勇、威与柔、进与退、伐与治……手持全球导航卫星系统采集仪，犹如轩辕剑，现代科技与游戏神话在哲学的花园里来了一次优雅的相遇。

认清测绘江湖——从十八般武艺开始

昊天塔 ◎ 数据采集仪

数据采集仪，一个小巧的设备，
包含多种科技；昊天塔，一件
玲珑的宝物，蕴藏无限神力。

昊
天
塔

　　在电子游戏《轩辕剑》中，传说伏羲曾经作为天界的掌权天帝，拥有很多罕见的法宝。而这之中有这样一件神器，具有浩大无俦之力，据说能降一切妖魔邪道，必要时仙神也可降服，它就是昊天塔。

　　昊天塔作为上古十大神器之一，塔本身是一个慈悲的存在，不管是妖魔鬼怪还是神仙人类，它都只会将其封印在塔内，不会将其毁灭，持塔人通过意念可随时将其释放出来。它就是个大容量储存器，同时具备指令辨别能力。

　　在测绘数据生产过程中，数据采集一直是件令人烦恼的事情，即使仪器已经具有 RS232/485 等接口，但仍然在使用一边测量，一边手工记录到纸张，最后再输入到个人终端处理的方式。不但工作繁重，而且也无法保证数据的准确性，管理人员往往得到的是已经滞后了一两天的数据。而对于现场的不良产品信息及相关的产量数据，如何实现高效率、简捷、实时的数据采集更是一大难题。

数据采集仪是一种能将物理量信号经过调制放大、滤波、模数转换为数字信号并将其记录下来的仪器的统称。用于采集、存储各种类型监测仪表的数据，并具有向上位机传输数据功能的单片机系统、工控机、嵌入式计算机或可编程控制器等。它主要是用来连接不同的测量仪器进行自动数据采集，不再需要人工录入数据，节约人力成本，而且可以减少由于人工录入所导致的错误，从而提高生产过程中的整体工作效率。可以这样说，它既是一台数据采集器，又是一台功能较全的机器状态分析仪。不仅有常用的时域分析和频域快速傅里叶分析功能，而且还有倒谱、细化、包络谱和时频域分析等功能。其存储量大，从低频到高频频率测量范围宽，能适应机器从低速到高速的各种监测范围需要，可利用振动传感器、过程传感器、电量传感器等输入多种物理量。

数据采集仪分为集中式数据采集仪和分布式数据采集仪。集中式数据采集仪，现场进行数据采集、处理、控制，实时性高，但满足不了远程访问的要求。而分布式数据采集仪，利用现场设备进行数据采集，采集成果转换为数字信号，经由现场总线上传至上位机，经上位机进行数据处理后，对现场设备进行控制，能对多个现场设备进行远程监控、维护。

在互联网行业快速发展的今天，数据采集已经被广泛应用于互联网及分布式领域，数据采集领域已经发生了重要的变化。首先，分布式控制应用场合中的智能数据采集系统在国内外已经取得了长足的发展；其次，总线兼容型数据采集插件的数量不断增大，与个人计算机兼容的数据采集系统的数量也在增加。国内外各种数据采集机的先后问世将数据采集带入了一个全新的时代。

数据采集仪，一个小巧的设备，包含多种科技，可自动采集和检测数据。

昊天塔，一件玲珑的宝物，蕴藏无限神力，降妖伏魔，封印万物。

融会贯通

诸葛连弩 ◎ 测量机器人

不管是从集成性、自动化方面来看，还是从易上手、可升级方面对比，测绘装备中的诸葛连弩当属测量机器人。

在尔虞我诈、风起云涌的魏、蜀、吴三国争斗中，催生出一批威力非凡的战场利器，有绚丽夺目的方天画戟、斩敌无数的青龙偃月刀及令人心惊胆战的丈八蛇矛等单兵利器，更有威力无穷的诸葛连弩。

诸葛连弩是三国时期蜀国诸葛亮制作的一种连弩，又被称作元戎弩。它威力强大，一次能发射十支箭。此外，它还能瞄准目标等到需要时再发射，有利于捕捉射击时机，命中率比弓高。但是诸葛连弩体积、重量偏大，单兵无法使用，主要用来防守城池和营塞。

三国时期魏国大发明家马钧对诸葛连弩进行了改进，改成了一种五十矢连弩，使其体积、重量大大减轻，成为一种单兵武器。

种类繁多的测绘装备中，有探究高程的水准仪，有专注角度的经纬仪，还有集成测距测角于一体的全站仪，更有半自主保留测量工作的利器——测量机器人。

测量机器人，顾名思义是一种应用于测量领域的自动化平台。在行业领域还有一个帅气的名头——"自动

诸葛连弩

全站仪"，它具有自动目标识别、自动照准、自动测角与测距、自动目标跟踪、自动记录等优越性能。

其组成包括坐标系统、操纵器、换能器、计算机和控制器、闭路控制传感器、决定制作、目标捕获和集成传感器八大部分。

测量机器人不仅节省人工成本，还在测站空间狭窄、危险等特殊场合发挥着积极作用，因此被广泛地应用在地形测量、工业测量、自动引导测量、变形监测等工作中，而且可对隧道、桥梁、大坝、边坡等进行大范围无人值守全天候、全方位自动监测。

目前部分测量机器人还为用户提供了二次开发平台，利用该平台开发的软件可以直接在全站仪上运行。实现测量过程、数据记录、数据处理和报表输出的自动化，在一定程度上实现了监测自动化和一体化。

用诸葛连弩比作测量机器人，在于两者有着高度的相似性。

从集成性上看，诸葛连弩集成单一弓箭的优势，一次击发便可完成十支箭的发射，将弓箭的优势增加十倍；测量机器人兼顾全站仪与驱动马达的功能，测距测角自动瞄准自主完成。

两者都非常容易上手。诸葛连弩是弓箭的升级、击发简单，弓箭手不需要其他专业培训便可操作；测量机器人的操作与普通全站仪并无二样，原理相通。

诸葛连弩和测量机器人都具备自动化的特点。诸葛连弩瞄准器单一，一次瞄准便可多次使用；测量机器人在测量工作中只需完成设站，便可自动照准目标点进行测量，不需要人工照准。

此外，两者都能升级。诸葛连弩在汉末魏朝大发明家马钧的手中升级为一种五十矢连弩，成为单兵武器；测量机器人留有二次开发平台，可完美兼容多样化程序。

测绘装备中的诸葛连弩当属测量机器人！

孔雀翎 ◎ 三维激光扫描仪

孔雀翎是一个三维的武器，无形又美丽。三维激光扫描仪获取的是整个三维世界的全息数据，发出的是一束束激光，我们看不到它，只能看到三维数据。而且，其他设备采集的原始数据很少有比激光点云更美的。

它是最快的刀。

它是最准的尺。

它是最亮的光（人们还称它是"死光"）。

它就是激光！

既然激光如此"快准狠"，那肯定能为测量所用。

把激光器、激光检测器和测量电路组合一下，就有了激光传感器，它可以测长、测距、测振、测速，而且还高精密，抗光、电干扰。常见的是激光测距传感器，原理很简单，将激光对准目标发射出去后，测量它的往返时间，再乘以光速，就能得到与目标之间的距离。在激光测距仪基础上发展起来的激光雷达不仅能测距，还可以测目标方位、运行速度和加速度等。这到底有多厉害呢？这么说吧，人造卫星的测距和跟踪用的就是激光雷达。激光雷达的精度高得惊人，测距范围能达 500 公里甚至 2000 公里，误差仅几米，在数千米测量范围内，精度可以达到亚米级别。这不能不让其他传统测距装备望洋兴叹。

三维激光扫描技术利用了激光测距的原理，测距不用多说，那三维怎么理解呢？在传统测量概念里，不管是全站仪测量还是实时动态测量，测量数据结果都是二维的。而三维激光扫描仪每次测量，投射的每一点的数据不仅仅包含 X、Y、Z 点的信息，还包括颜色信息，同时还有物体反

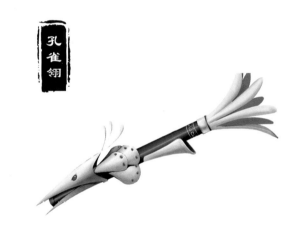

射率的信息，而且这些点在被测物体表面是密密麻麻的，形成了一个面，甚至一个整体，形成了"点云"。所以说三维激光扫描不是传统的单点测量，而是面的测量。常规测量，测一个点需要 2~5 秒，而目前有些三维激光扫描仪每秒最高可以测 120 万点。最重要的是，三维激光扫描的数据通过计算机可以对现实世界进行真实再现。

因此，三维激光扫描仪可以胜任传统测绘应用领域的很多工作。它的再现真实世界的功能决定了它还能担当更多的重任，比如保护古迹、古建筑的测量工作，又比如公安消防人员对火灾、交通、犯罪现场的记录工作等，还有 3D 电影、3D 游戏的制作，以及虚拟博物馆、虚拟旅游等也

三维激光扫描仪

认清测绘江湖——从十八般武艺开始

离不开三维激光扫描，就连无人驾驶，也有三维激光扫描的用武之地。这一技术的应用范围已经远远超过其他测绘地理信息装备。

三维激光扫描仪在测绘地理信息装备领域算是比较年轻的新生力量，"出生"于20世纪90年代。到目前为止经历了三个阶段的发展。

第一个阶段可以归纳为逐点扫描设备。其扫描时激光点在物体表面移动，只能逐点获取被扫描物体表面的三维数据，由大量的点拼接成面，再由面拼接至立体。这个阶段的设备扫描精度已经比较高，但是速度之慢可想而知。

第二个阶段的设备以激光线的方式进行三维扫描。扫描过程中，激光线以单条或者十字架的形式对物体表面进行扫描，每次提取这条线上的三维数据拼接成面，进一步形成立体。这个阶段的设备适合扫描中小型物体，比如文物。在电影《十二生肖》中，就有用手套对真兽首进行了三维激光扫描，进而仿造兽首的情节。这一代产品便携轻巧，不过电影中的手套是小得比较夸张了。

目前，三维激光扫描设备进入了立体式扫描或者光栅三维扫描的阶段。这个阶段扫描设备发射的大部分是不会对人体造成伤害的白光。在扫描时，扫描头内部的光栅机发出光栅，投影到物体表面。每次都是扫描一个面，由面拼接成立体。只要扫描几次，就可以得到被测物体360°无死角的数据。

说到这，三维激光扫描仪好似一件技压群芳、所向披靡的装备，厉害至极。

在古龙武侠小说中，孔雀翎作为最厉害、最可怕的一种暗器，已经超出了"枪扎一条线，棍扫一大片"这样的境界。

它一旦被发出，无形无我，如孔雀开屏一般，全面散开，没有死角，让对手无处遁形。江湖上其实还有其他这样的暗器，但它们是钉是针，密集但有形，而且暴力、血腥。

但从来没有人知道孔雀翎发出的是什么，听到的都是传说，只能知道它从未失手，看到它的人已经长眠。据说孔雀翎非常美丽，它能幻化出美丽的色彩，比孔雀开屏更加惊艳。

三维激光扫描仪就是这样一种颠覆的设备，不是实时动态测量在测点，也不是全站仪在测边，我们获取的是整个三维世界的全息数据。而且扫描仪发出的是一束束激光，我们看不到它，只能看到三维数据。在诸多测量设备中，其他设备采集的原始数据很少有比激光点云更美的。

孔雀翎，就是三维激光扫描仪，世间利器，又轻巧迷人。

玉女素心剑法 ◎ 全站扫描仪

全站扫描仪，将全站仪与 3D 扫描仪的功力融会贯通并焕发新生，是当之无愧的玉女素心剑法。

全站仪和 3D 扫描仪，二者无论谁单拎出来，都是测绘装备大家族中的绝对主角、主流、主力、主心骨。它们是"名门正派""武林正统"，又值磨合成熟、年富力强的时候，当真是技艺精纯、战力爆表。如果这样各有千秋的两位绝世高手联袂出战，将是怎样一种景象？

不妨想象一下金庸笔下杨过和小龙女的双剑合璧：郎情妾意，幻化无极；举案齐眉，刚柔并济；花前月下，龙游风戏；波诡云谲，春风带雨。全真派和古墓派的精华在二人的心意相通中融为一体，成就了革命性的玉女素心剑法。

全站扫描仪集成了多种测量技术，如高精度全站仪技术、高速 3D 扫描技术、高分辨率数字图像测量技术及超站仪技术等，能够以多种方式获得高精度的测量结果。

全站扫描仪首先是全站仪，但它有超越目前其他全站仪的新技术，其采用源自航天的 WFD 激光测距技术，测量精度高，免棱镜测量距离更远，测距速度更快。

它又是扫描仪，更有超越传统扫描仪的高精度。它的扫描速度可达每秒 1000 个点，扫描距离可达 1000 米，100 米处点位精度可以达到惊人的 0.8 毫米。

它还是图像测量系统，更有超越传统图像测量系统的高效率，具有广角相机和望远镜相机。广角相机视场广阔，用于粗略照准；望远镜相机具有自动对焦功能，能实现快速精确照准。

认清测绘江湖——从十八般武艺开始

全站扫描仪还能够与全球导航卫星系统接收机组合成超站仪，进行全球导航卫星系统测量，实现无标石创新测量模式，颠覆"先控制，后碎部"的传统测量模式。

正是由于全站扫描仪多样的功能，它可在多个领域实现高效应用。

全站扫描仪能实时获得开挖面的三维立面及断面成果，可将设计数据输入系统，实现隧道断面测量、超欠挖计算，指导施工。

通过室内控制，指定目标点位并设定相关参数，全站扫描仪可对大坝、桥梁等大型监测体的任意区域进行全方位的扫描式监测。

对于不规则的堆场，利用全站扫描仪的扫描功能进行测量，只需要架设三站，就可以建立这堆场准确的数字地面模型，计算出准确的体积。

测量油罐的容积是件很辛苦的工作，油罐里又闷又热，味道还很难闻。通过手簿可以实现对全站扫描仪的遥控操作，并能在手簿中实时看到镜头中的图像，减少了恶劣环境对测量人员的伤害。

全站扫描仪可拍摄全景图像，使现场环境一目了然。再通过整体扫描，建立立体模型，数据翔实，便于进行事故分析，还容易保存。

玉女素心剑法有十几个剑招："浪迹天涯""花前月下""清饮小酌""小园菊艺"……每一招都有说不尽的风流旖旎。但其战绩彪炳，金轮法王、公孙止等人数度败于此剑法之下。

全站扫描仪

全站扫描仪，将全站仪与3D扫描仪的功力融会贯通并焕发新生，犹如全真剑法和玉女剑法的双剑合璧。

在金庸小说中，林朝英创立玉女剑法的初衷是与情郎斗气，希望能胜过王重阳的全真剑法，却没想到二者融合后竟有如此威力；而全站扫描仪，从一开始就是设计师精心创造的珠联璧合之杰作。

九阳神功＋乾坤大挪移 ◎ 陀螺经纬仪

陀螺经纬仪，同时具备角度测量和精准的自动寻北技术，堪称九阳神功与乾坤大挪移的完美结合——毕竟，还没有人能打得明教第三十四代教主张无忌找不着北。

陀螺经纬仪是一种将陀螺仪和经纬仪结合成一体的，全天候工作，且不依赖其他条件就能测定真北方位的物理定向仪器。

在认识和量测地面现状的过程中，对方位的精确测定总是落后于距离的确定。深受大家喜爱的打陀螺游戏给予人们新的启迪。人们发现，在高速旋转下，即使做工不够精细的陀螺，也能保持自身的稳定，旋转的速度越快，陀螺越能保持自身的稳定；在受到外力时，高速旋转的陀螺沿着确定的方向前进。陀螺的这种特性被总结为"定轴性"和"进动性"。这两个特性，构成了高精度定向设备陀螺仪诞生的基础。

陀螺仪基本上就是运用物体高速旋转时角动量很大、旋转轴会一直稳定指向一个方向的性质，所制造出来的定向仪器。不过它必须转得够快，或者惯量够大。不然，只要一个很小的外力，就会严重影响它的稳定性。

利用陀螺旋转的特性，结合地球自转规律，陀螺仪能够自动寻找真北方向。再将陀螺仪安装在经纬仪上，组成的陀螺经纬仪便可以既测定真北方向，又读取具体水平角度数值，从而可求出任一方向的真方位角。这一工作就是我们测绘人员熟知的陀螺经纬仪定向观测。

陀螺经纬仪广泛应用于测绘工作中，特别是矿山、隧道、海洋、森林等隐蔽地区的定向测量，解决了传统定向方法精度低、工作量大及定向时间长等缺点。

陀螺经纬仪的发展，大致经历了液体漂浮式、下架悬挂式、上架悬挂式时代，目前已经到了自动陀螺经纬仪时代。随着陀螺技术、光电技术、精密机械制造技术及计算机技术的发展，陀螺经纬仪向可靠、精密、小型、快速和自动化方向发展。这些产品通过采用自动跟踪技术、力矩器技术、自动锁放技术实现了全自动寻北测量，并采用误差补偿技术使陀螺仪的定向准确度达到了很高水平。

陀螺经纬仪的特点不禁让人想起《倚天屠龙记》中张无忌的顶级配置——九阳神功＋乾坤大挪移。

九阳神功是少林功，练成后，内力自生，与万物融成一体，能力激增速度奇快，无穷无尽，像极了利用自身旋转自动寻北的陀螺仪。乾坤大挪移是波斯明教武功，练成后可做到复制对手武功，牵引挪移敌劲，转换阴阳二气，借力打力等；跟经纬仪一样，乾坤大挪移必须在角度上下功夫，方能腾挪转换随心所欲，进退翻旋游刃有余。

陀螺经纬仪，同时具备角度测量和精准的自动寻北技术，堪称九阳神功与乾坤大挪移的完美结合——毕竟，还没有人能打得明教第三十四代教主张无忌找不着北。

陀螺经纬仪

北斗七星图 ● 天文经纬仪

在中国，人们对天体的测量从未停止过，从北斗七星图到浑天仪，再到现在的天文经纬仪，而在未来，又会出现什么呢？

北斗七星阵是北海玄灵门第三代弟子北海七星所布战阵。七人依上三颗"玉冲"星，下三颗"璇玑"星次序，占据七个方位，分别为天枢、天璇、天玑、天权、玉衡、开阳、摇光，随着阵式变化，七人可联手往复，流转不息。

按照道教的养生修炼之道，北斗七星图有定位的功能，面对满天星斗，可以按图上的不同时节、不同方位，朝着不同的星斗练功，接受大自然中对人类有益的物质。

天文测量是一项古老的技术，起源叮追溯到人类文明初期。人们发现，在不同的季节、不同的地方，出现的天象也不同。因此人们通过观察天象来确定时间、季节、位置与方向，于是就有了最早、最原始和最朴素的天文测量。

在晴朗的夜晚，空中繁星闪烁，在某一时刻，地球上某一点看到的所有恒星相对于这一点的位置是固定的、唯一的。因此，可以通过观测恒星的位置来确定地面点的绝对位置及某方向边的方位，即实现天文定位定向。

浑仪是中国古代测量天体位置的主要测量仪器，能够直接测量天体在空中位于天球坐标系中的坐标及测量两个天体间坐标差或角距离。后又有郭守敬创制的简仪。20世纪，人类发明了天文经纬仪。进入21世纪后，人们逐步采用高精度电子经纬仪，代替传统光学天文经纬仪。随着电子

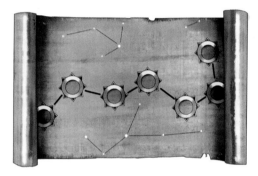

北斗七星图

技术的发展，天文经纬仪的精度及速度也在逐步提高。

天文经纬仪，又称全能经纬仪，主要用于观测天体的位置来确定地面点在地球上的位置（经度和纬度）和某一方向的方位角，以供大地测量和其他有关的部门使用。

天文经纬仪与传统经纬仪有着很大的不同。一是天文经纬仪的望远镜放大倍率较大，一般在30~60倍，在望远镜视场和刻度盘还有照明装置，

认清测绘江湖——从十八般武艺开始

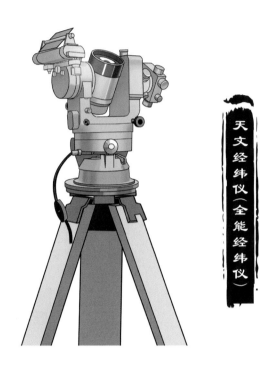

天文经纬仪（全能经纬仪）

方便夜间观测。二是天文经纬仪望远镜内的十字丝是多丝分划板，方便对位置不断变化的观测目标进行测定。三是天文经纬仪的望远镜常常使用转折目镜，这是因为在天文测量中，经常要观测天顶距比较小或者位于天顶附近的天体。四是在精密天文观测中，对水平度盘读数的精度要求较高，所以天文经纬仪的度盘直径较大。最后，为了严格控制和调整各轴系之间的正确关系，并改正它们的误差对观测结果的影响，天文经纬仪的水平轴上有一挂式水准器，以测定水平轴倾斜的变化。有时在水平轴目镜端还装有一个太尔各特水准器，以测定望远镜的倾斜变化。

天文定位定向与其他导航定位手段相比，有着无可比拟的优势，因此受到世界上各个强国的青睐。首先，它观测的对象为天空中的恒星，不会被敌方干扰和破坏。其次，它的工作过程完全为被动接收，不需接收任何外界信号，也不向外界发播信号，能实现完全自主的导航定位，隐蔽性强。再者，每次定位信息都是独立测量获得，不存在误差积累及随时间漂移等问题。最后，在所有的定位技术手段中，天文技术的定向精度是最高的，它能精确地确定地理位置。

目前天文经纬仪测量成果主要运用于为全国大地控制网提供起始经纬度和方位角，为精密导线和三角锁的起始点及锁段中间点提供经纬度和方位角，局域地形测量和工程测量控制网的定位定向，为远程武器和航天器发射提供垂线偏差和天文方位角，为陀螺提供高精度初始方位等。

在中国，人们对天体的测量从未停止过，从北斗七星图到浑天仪，再到现在的天文经纬仪，而在未来，又会出现什么呢？

风火轮 ◉ 移动测量系统

移动测量系统是信息化测绘大潮下催生的测绘装备，通过给数据采集设备增加交通载体的方式，诸如无人机、汽车等，使数据采集设备能够"脚踩风火轮"，大幅度提高数据采集效率。

"是他，是他，就是他，我们的英雄小哪吒……"听到这首儿歌，脑海里跃然闪现的是脚踩风火轮、手持火尖枪、身披混天绫、脖挂乾坤圈的少年哪吒形象。太乙真人作为哪吒的师傅，传于其风火轮，那风火轮到底是什么利器呢？到底是什么属性呢？

《封神演义》里描述："哪吒歌罢，脚蹬风火二轮，立于咽喉之径。有探事马飞报与余化：'启老爷，有一人脚立车上，作歌。'余化传令扎了营，催动火眼金睛兽，出营观看，见哪吒立于风火轮上。"可见，风火轮可作为交通载体，踏在脚下可作为交通工具，速度极快。

移动测量系统是信息化测绘大潮下催生的测绘装备，通过给数据采集设备增加交通载体的方式，诸如无人机、汽车等，使数据采集设备能够"脚踩风火轮"，大幅度提高数据采集效率。

随着信息技术研究的深入及数字地球、数字城市、虚拟现实等技术的进一步发展，以计算机技术为依托的信息时代脚步的加快，移动测量系统逐渐成为空间三维信息获取的主要手段，其具

风火轮

有高精度、高分辨率、操作方便、实时、可在夜间测量、作业效率高、成图周期短、能进行连续和动态测量等一系列优点，它的出现和发展为空间三维信息的获取提供了全新的技术手段，为信息数字化快速发展提供了必要的条件，它使三维数据从人工单点数据获取向着连续获取的方向迈进，不仅提高了观测精度和速度，而且使数据获

认清测绘江湖——从十八般武艺开始

取更加智能化和自动化。移动测量系统被称为测绘技术的一场革命，并成为测绘行业暗藏风火之势、行动伴有风雷之声的"风火轮"。

"要问谁能喝水多，测量队里一大窝"，这是测量工作者时常挂在嘴边的一句话，可见跋山涉水的测量工作是多么艰辛。目前，野外数据采集工作基本是测量人一步步走着完成的，为了高效快捷地保证测量任务，测量人肩扛仪器，走路如风，常被调侃为脚踩"风火轮"的徒步者。

随着全球导航卫星系统和惯性测量单元高精度姿态确定等定位定姿技术的发展，移动测量系统的数据采集精度逐步提高，在真正意义上实现测量工作在"风火轮"上高效完成。相比传统数据采集，它可搭载在运动载体上，在载体运动过程中完成目标定位测量，同时获取被测物体大量物理属性信息和几何信息，改变以往的测量工作模式，实现"一次测量，多次应用"的按需测量模式。重庆市勘测院、重庆数字城市科技有限公司依托多年来在地理信息领域积累的经验，自主研制了"吉信移动测量

系统"，可快速采集高精度点云、实景影像数据，具有测量精确、采集快速、展示形式丰富、安装简便等优势。该系统是国内少有的移动测量系统软硬件产品与解决方案，打破了国外在该领域长期的技术封锁与垄断，被中国测绘学会评为2016年测绘地理信息创新产品。

移动测量系统在各行业获得了广泛应用。例如，在公路大修与改扩建工程中，移动测量系统能够提供高精度的公路路面高程测量成果，作业速度快，安全程度高；在高级汽车辅助驾驶系统以及无人驾驶日新月异的时代，移动测量系统可以提供高精度的道路导航地图数据，具有快速采集和更新的优势；在城市精细化管理中，移动测量系统提供高精度的城市部件数据，包括公用设施、道路交通、市容环境、园林绿化、房屋土地等其他设施，与传统的调绘法和数字化测图法相比，具有精度高、速度快，信息丰富的突出特点，已成为一种全新的城市部件测量手段，为城市部件数据测量、入库提供了新的解决方案。

天罝北斗阵 ◎ 北斗地基增强系统

天罝北斗阵一旦布下，便是天罗地网；北斗地基增强系统一旦建成，就可以覆盖一个城市、一个地区、一个国家，测绘人鱼游其中，攻无不克。

北斗卫星导航系统是我国自主建设、独立运行的全球导航卫星系统，是继美国的全球定位系统（GPS）、俄罗斯的格洛纳斯导航系统之后，第三个成熟的全球导航卫星系统。

北斗地基增强系统是北斗卫星导航系统的地面基础设施，通过地面基准站网的辅助，凭借实时动态差分技术，利用互联网、移动通信等技术手段，实现对北斗卫星导航系统定位导航精度的增强。通俗地说，是在地面建立站点，利用地面网络，对天上的网络进行增强，提升北斗卫星导航系统的定位导航精度。同时，它也能兼容 GPS、格洛纳斯等全球导航卫星系统。

北斗地基增强系统由基准站网、数据处理中心、数据传输系统、用户应用系统四个部分组成，各基准站与数据分析中心、用户应用系统之间通过数据传输系统连接成一体，形成一个专

天罝北斗阵

北斗地基增强系统

认清测绘江湖——从十八般武艺开始

用网络。北斗地基增强系统绝不是多个单一设备的简单组合，而是一个有机整体，四个部分缺一不可，这大大提升了北斗卫星导航系统定位、导航的性能，完美地诠释了"1+1>2"的神奇效果。

天罡北斗阵也绝不是一成不变的，面对不同的对手，可以有不同的变化，适时变阵，从而应对自如。同样，北斗地基增强系统能够根据不同的用户需求，提供不同精度的定位导航服务。比如，为测绘等专业用户提供毫米级的高精度定位服务，为相关行业用户提供厘米级或分米级的定位服务，为导航用户提供分米级或米级导航服务。

天罡北斗阵一旦布下，便是天罗地网。面对欧阳锋、黄药师等诸多武林高手，全真七子单打独斗几无胜算。但黄药师最终也没能破了天罡北斗阵。

同样，北斗地基增强系统一旦建成，就可以覆盖一个城市、一个地区、一个国家，就如同形成了一张无处不在、无时不在的无形大网，悄无声息地发挥其深厚功力，可谓攻无不克。

据不完全统计，金庸笔下的阵法有十余种之多，除了天罡北斗阵，还有武当七子的真武七截阵、少林的十八罗汉阵、丐帮的打狗阵法、天龙寺的六脉剑阵……

那为什么一定要天罡北斗阵才能对应北斗地基增强系统呢？很简单，除了此阵，哪个阵法中能有"北斗"二字呢？

时之刃 ● 天文测量计时系统

不管是远古的波斯王国还是21世纪的现代社会，都离不开时间的有序运转，掌握时间的人就能掌握人类社会，掌握世界。

由电子游戏《波斯王子：时之沙》改编的电影《波斯王子：时之刃》讲述了古波斯王国与古印度帝国的战争爆发。当强大的波斯王国沉浸在胜利的喜悦之时，包括王子达斯坦在内的所有人都万万没有想到，他们的帝国即将陷入被黑暗笼罩甚至彻底毁灭的危机之中。因为，达斯坦在清点战利品之时，获取了拥有强大且神秘力量的魔法匕首——时之刃。

时之刃，可以释放邪恶的时之沙，蛊惑人心，造成大乱，掌握时之刃的人将获得控制时间的能力，并得到永生不死的躯体，甚至完全可以掌控整个世界。

中国自古就有夜观天象的说法，古人通过观察天体的相对位置和运行状态辨时节，预测世事。而现代的天文观测者在测量方位的同时必须记录时间，否则，某天体位于天球上的某一位置离开了当时的时刻就失去了意义。

高精度的时间测量是天文测量工作的主要要求，天文测量计时系统主要用于授时和守时，确定天文测量时刻准确的时间，并以无线电波的方式把标准时间发播出去。现代天文测量时间计时系统主要由卫星导航定位系统授时，再用计算机内部晶振作为

时之刃

测量的时间基准进行守时。

在社会发展速度如此之快的今天，时间是一种最基础、最重要的物理量，深刻影响着人类的各项活动。社会诸多领域的科学研究都与高精度的时间密不可分，时间在地球动力学、航空航天、深空通信、卫星发射及监控、地质测绘、导航通信等领域发挥着重要的作用，可以说整个社会各种信息的协调一致都是在严格的时间同步基础上实现的。测量也正在向着四维方向发展，时间测量在测量中所占的比重已越来越大，成为许多高科技测量中不可缺少的一项内容。

在电影中，掌握时之刃象征着掌握时间，可以随心所欲改变时间，掌控世界。在现代化的今天，掌握先进的天文测量计时系统便可获得准确的时间。时间获取的准确性，对于现代科学研究有着积极的推进作用，对于整个人类社会文明的建设有着决定性的作用。

不管是远古的波斯王国还是 21 世纪的现代社会，都离不开时间的有序运转，掌握时间的人就能掌握人类社会，掌握世界。

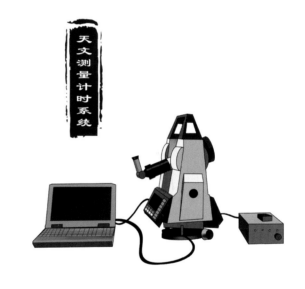

天文测量计时系统

八卦云光帕 ◎ 调绘平板电脑

调绘平板电脑就是测绘人员的八卦云光帕，有了它，就像召唤了黄巾力士一样，不仅缩短了外业作业时间，还提高了生产效率和产品质量。

调绘就是把地面的实际东西在草图上表示清楚，例如电线杆、植被、道路等。把图上的东西定性，调查清楚就是调；把草图上的东西按不同颜色的笔画在正式图上，就是绘。合二为一就是调绘。

在调绘平板电脑普及之前，部分单位采用掌上电脑实现了调绘环节的数字化，但是操作系统和软件的普适性和实用性不强；再则受掌上电脑存储容量限制，不能装载大量的影像文件；而且屏幕过小和强光下可视性差也是掌上电脑的缺点。随着近几年平板电脑的飞速发展，易携带、高质量移动设备的出现为外业调绘数字化提供了基本的硬件基础，使基于平板电脑进行调绘成为可能。

调绘平板系统采用模拟传统纸质调绘方式进行设计实现，平板电脑加载的电子影像地图等同于传统调绘时打印的影像，生成的电子调绘数据等同于手绘的调绘草图，鼠标或手指等同于调绘时使用的水彩笔。在调绘平板电脑中装载作业环境，加载作业底图，一般为纠正后带坐标的数字正射影像。外业调绘过程中，将经过实际确认过的点线面要素，选择作业环境中相应的要素符号进行定位定性表示，并进行相应的连线、文字注记等标注，便于内业依据调绘资料进行编辑整理成图。

调绘系统以平板电脑为载体，具有获取全球导航卫星系统实时定位跟踪轨迹、摄像、录音等辅助

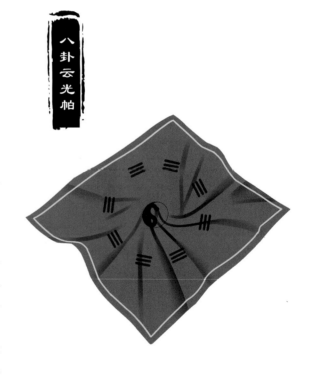

八卦云光帕

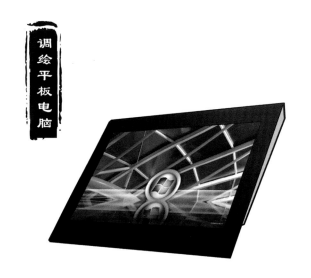

调绘平板电脑

调绘功能。"数字工作底图在平板电脑上可以无极缩放，调绘的各自要素用统一定制的矢量符号进行精确定位表示，解决了纸质调绘片图面负载的问题；内业使用电子调绘片时，可以直接与采集的矢量数据套合判读，部分要素甚至可以直接使用，减少了内外业成果数据转绘过程中的精度损失，提升了工作效率。同时使用数字化调绘技术后，小雨天亦可作业，弱化了天气影响。"[1]

传统的测图方式受到各种因素的影响，会导致测量结果存在较大的误差。"但是数字化测图的实现就克服了这些缺点，因为其测量方式的特殊性以及技术的准确性，在测图的过程中有效地避免了因为展点、刺点、刻绘导致的测图变形的情况，所以大大提高了测图的精度。数字化调绘的特点决定了其不受比例尺的限制，也就有效地扩大了其信息量的范围，并且还可以实现对所获数据的分类存放，基本上可以实现对房屋、道路、水系、电力线、通信线、管道、植被、地貌、高程注记点、名称注记等信息的整齐分类和储存，大大提高了调绘成果的可用性。"[2]数字化调绘的成果是可以通过多种方式储存的，不仅可以储存在磁盘、光盘中，还可以计算机文件的形式进行灵活的传输和保管，大大降低保管成本。

数字化调绘平板电脑已经成功运用于航测外业生产项目当中，例如 1：2000 和 1：5000 地形图测量外业调绘、地理国情普查与监测外业调查核查、土地确权等工作，缩短了外业作业时间，提高了生产效率和产品质量，取得了良好的效果。

八卦云光帕是游戏中的仙家法宝，是神话传说中石矶娘娘所用神器。状若一方白帕，上面有坎离震兑之宝，包罗万象之珍，可召唤黄巾力士。调绘平板电脑就是测绘人员的八卦云光帕，它可加载电子影像地图，生成电子调绘数据，装载大量影像文件，应用全球导航卫星系统实时定位跟踪获取轨迹、摄像、录音、无极缩放数字工作底图等。工作人员有了它，就像召唤了黄巾力士一样，不仅缩短了外业作业时间，还提高了生产效率和产品质量。

1. 张燕：《航测外业调绘系统的设计研究》，载于《城市勘测》，2013 年第 6 期，93-95 页。
2. 哈丽玛·马汗：《浅谈航测数字化测图的优越性和方法》，载于《黑龙江科技信息》，2012 年第 30 期，51 页。

驾轻就熟

鸳鸯刀 ● 水准尺

水准尺测量后前前后，过程循环渐进、一丝不苟，恰似萧中慧、袁冠南施展鸳鸯双刀，七十二招行云流水、互相回护。

水准尺是水准测量使用的标尺，配合水准仪使用。它用优质的木材、玻璃钢、铝合金等材料制成。常用的水准尺有塔尺和双面水准尺两种，尺长多为3米，两根为一副。按精度高低可分为普通水准尺和精密水准尺。

普通水准尺用木料、铝材或玻璃钢制成，为双面（黑、红面）刻画的直尺，每隔1厘米印刷有黑白或红白相间的分划。每分米处注有数字，对一对水准尺而言，黑、红面注记的0点不同。黑面尺的尺底端从0开始注记读数，两尺的红面尺底端分别从常数4787毫米和4687毫米开始，称为尺常数K。即K_1是4.787米，K_2是4.687米。

精密水准尺的分划是漆在因瓦合金带上，因瓦合金带则以一定的拉力引张在木质尺身的沟槽中，这样因瓦合金带的长度不会受木质尺身伸缩变形影响。带上绘有间隔为1厘米或0.5厘米的两排分划线，两排读数相差一个常数，用于检查读数的正确性。这种水准尺配合精密水准仪使用。

鸳鸯刀

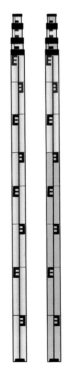

　　与电子水准仪相配套的是条码水准尺，用玻璃纤维塑料或殷钢制成。尺面绘制的是条形码，配合电子水准仪实现数字化水准测量，而不是绘制分划线。

　　鸳鸯刀一短一长，长刃鸳刀，短刃鸯刀，精光耀眼，污泥不染，是金庸小说中可与屠龙刀、倚天剑相媲美的兵器。刀中藏着武林的大秘密，得之者无敌于天下。七十二招刀法原是古代一对恩爱夫妻所创，两人形影不离、心心相印，双刀施展之时，也是互相回护照应。刀法阴阳开阖，配合得天衣无缝。一个进，另一个便退；一个攻，另一个便守。

　　水准测量时，两名立尺员分别执尺于水准仪前后，测量员用水准仪分别观测两把水准尺，并计算高程差。整个过程循环渐进、一丝不苟，恰似萧中慧、袁冠南施展双刀，七十二招行云流水、互相回护。

水准尺

斗转星移 ◎ 棱镜

"以彼之道，还施彼身"，这是小说中斗转星移神功的神奇之处，其中道理与棱镜相似，全在"反弹"两字。

斗转星移

测量用棱镜是表面为圆形的一块全反射棱镜，用于配合全站仪或测距仪做常规的距离测量。测量过程中，利用反射棱镜作为反射物进行测距时，全站仪或测距仪发出光信号，并接收从棱镜反射回来的光信号，通过计算光信号的相位移，求得光线往返走过的时间，再乘以光速，间接计算出全站仪或测距仪到反射棱镜的距离。棱镜的工作原理实际上是光的反射定律和折射定律。

斗转星移是金庸武侠中的一门神奇武功，由姑苏慕容氏的慕容龙城所创，是一门借力打力之技。不论对方施出何种功夫来，都能将之转移力道，反击到对方自身。斗转星移神功的厉害之处在于它能够将对手的武功内力和兵器拳脚转换方向，反伤对手，其中道理与棱镜相似，全在"反弹"两字。

棱镜

认清测绘江湖——从十八般武艺开始

丈八蛇矛 ◎ 对中杆

对中杆使用灵活、操作简单，好似张飞手持丈八蛇矛在百万军中来去自如。

对中杆，连接于三脚架架头，能按铅垂方向直接指向地面标记点的可伸缩金属杆。其底端装有尖铁脚，可以精确对中地面标记点；顶端预留卡扣，可以安装测量设备。常常作为全站仪的棱镜杆使用。测量对中杆具有小巧灵活、操作简单、精度较高等特点，被广泛应用于测绘工作之中。

丈八蛇矛，又名丈八点钢矛，镔铁点钢打造，矛杆长一丈，矛尖长八寸，刃开双锋，作游蛇形状，故而名之。张飞、林冲、陈安等英雄均以此为武器。丈八蛇矛与青龙偃月刀相媲美，它们先后成名，从此一发而不可收，扬名天下。

对中杆使用灵活、操作简单，测量员使用放线时飞速奔跑，好似蜀国猛将张飞，手执一支丈八蛇矛，纵横沙场，转战南北，在百万军中来去自如，犹如天雷击落、蛟龙出海。

对中杆

崆峒印 ◎ 三角架

测量员手中的三脚架是有魔力的，他们熟练地粗对中、精对中、粗平、精平，就像太上老君掌管了崆峒印，一切只为天下太平。

三脚架是用来安置测量仪器的常用测量附件，三脚架按照材质分类可以分为铝合金、木质、玻璃钢等多种，有拧式、扳扣式两种锁紧类型。最大长度为1550毫米到1700毫米，最小长度为940毫米到1000毫米。颜色以驼色、橘红色、黄色为主，重量为3千克到7千克不等。

崆峒印

认清测绘江湖——从十八般武艺开始

在电子游戏《轩辕剑》中，崆峒印是上古十大神器之一，崆峒海上不死龙族的守护神器，神器上塑有五方天帝形貌，玉龙盘绕。相传它是不老泉源，可废立人皇。

三脚架主要用于固定、稳定测量仪器，助其对中整平，从而保证测量结果的准确性。测量员手中的三脚架是有魔力的，他们熟练地粗对中、精对中、粗平、精平，就像太上老君掌管了崆峒印，一切只为天下太平。

三角架

梅花桩 ◉ 测量标志

测量标志，就像梅花桩，是测绘工作的重要基础设施。

　　测量标志是标定地面测量控制点位置的标石、觇标以及其他用于测量的标记物的通称，是测绘部门在测量时建立和测量后留存在地面、地下或建筑物上的各种标志。每一个测量标志都经过精确的测量、计算而求出它在地面上的平面位置和海拔高程数据。

　　新中国成立以来，测绘部门在全国建立了几十万座永久性测量标志，包括各等级的三角点、基线点、导线点、重力点、天文点、水准点的木质觇标、钢质觇标和标石标志，用于地形测图、工程测量、形变测量、地籍测量、境界测绘的固定标志和海底大地点设施。

　　测量标志分为永久性测量标志和临时性测量标志。永久性测量标志无论是建在地上、地下或者建在建筑物上，都属于永久保护目标。临时性测量标志是指测绘单位在测量过程中设置和使用，工作结束后不需要长期保存的标志和标记，如测站点木桩、活动觇标、测旗、测杆、航空摄影地面标志、在地面或建（构）筑物上的标记等。

梅花桩

梅花桩，也称梅花拳。因立于桩上练习，故有别于诸拳，练起来要求式正势稳，要建立严格的动力定型。每一颗木桩都有严格的尺寸和布桩要求。梅花桩最适合两人以上的集体练习，众人围成一梅花状，忽开忽合，伸缩无定，饶有兴味。其套路除五式固定外，无一定型，其势如行云流水，变化多端，活而不乱。

而测量标志，就像测量员和国家的梅花桩。每一个测量标志都经过精确的测量、计算，从而求出它在地面上的平面位置和海拔高程数据，它是国家经济建设、国防建设、科学研究和社会发展的重要基础，也是构建数字中国和数字区域地理空间框架的重要前提条件。

测量标志

靶子 ◎ 觇牌

觇牌如箭靶，瞄准靶心，拉弦
出箭射向靶心，成功在望！

　　觇牌是指测量中被用于照准目标而安在目标上的牌子，好比古时练习射箭训练时用的靶子。它是测量中测量仪器瞄准的目标，根据反射回测站的信号定出目标点与测站点的距离和方位。它根据两线相交于一点的原理确定地面上的目标点位置，在仪器的望远镜中设置的横丝与竖丝分别与觇牌上的横向与竖向标识重合便能找到目标点。

　　觇牌广泛应用于精密工程测量方面，可以说，觇牌是提高角度测量精度的"绝密武器"。特别是进行各类形变观测（如水工建筑物、桥梁、码头和滑坡等水平位移观测）、精密导线测量、工程放

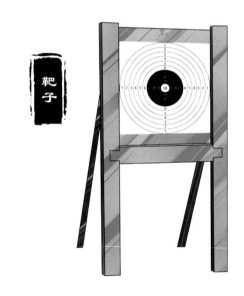

靶子

样等时，大量采用觇牌作为测角的照准标志。在日常生活中，我们经常看到大型桥梁、复杂建筑物的外表上密密麻麻裹着许多"彩色的斑点"，这就是觇牌在我们生活中出没的实例之一。

靶子，古时练习射箭训练时的目标。觇牌就如箭靶，瞄准靶心，拉弦出箭射向靶心，成功在望！在冷兵器时代，兵器中弓箭乃是战争中的杀手锏，战国时秦能一统天下很大程度上赖于强弓劲弩，依靠其配有精准瞄准系统的弓弩无往而不胜，建立了中国历史上的第一个帝国。瞄准目标，方能精准测量。

觇牌

认清测绘江湖——从十八般武艺开始

雷公钻 ◎ 垂球

垂球易被风吹物干扰，后逐渐被取而代之。而雷公钻也因锤钻两物过于笨重，在攻敌时缺乏隐蔽性，以致武林中很少有人练习，最后此技逐渐绝迹。

　　雷公钻是一种古代重暗器，使用时，左手执钻，右手执锤，自后猛击钻底，钻子即可飞出。锤柄短锤身重，钻子前端形如圆锥体，前尖后粗。雷公钻发射之力非常大，遇坚壁也可穿凿而过，在15米内可重伤敌人。雷公钻需锤击方能发射。

　　垂球是测量工作中用于投影对准地面点或检验物体是否铅垂竖立的简单工具，为一上端系有细绳的呈倒圆锥形的金属锤。测量工作中用于仪器中心投影对准地面控制点中心或检验物体是否铅垂竖立。垂球必须有悬挂设备才能发挥作用，一般作为全站仪、经纬仪和平板仪的附件。

　　在竖井方向定向或大楼建设高度上升期间轴线传递施工测量中，因垂球易受风力影响，需将

雷公钻

2 公斤以上的垂球浸泡在油桶中，增加垂球摆动阻力，保障垂球的稳定度。其安装、操作不便。随着激光技术的发展，设计出铅垂直线的光学仪器。垂准仪以重力线为基准，可用来测量相对铅垂线的微小水平偏差，进行铅垂线的点位转递、物体垂直轮廓的测量及方位的垂直传递。它主要用于高层建筑如高塔、烟囱的施工，大型井架、大型柱形机械设备的安装，大坝的水平位移测量，工程监理和变形观测等测量作业。

　　垂球易被风吹物干扰，后逐渐被取而代之。而雷公钻也因锤钻两物过于笨重，在攻敌时缺乏隐蔽性，以致武林中很少有人练习，最后此技逐渐绝迹。

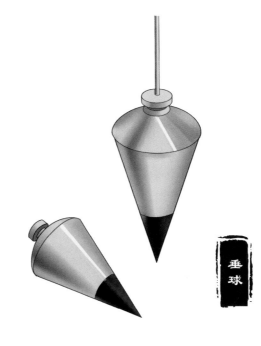

垂球

认清测绘江湖——从十八般武艺开始

琉璃瓶 ◎ 气压计

气压计与琉璃瓶一样，透明可观测。测量员手中的气压计，不仅可通过其观测气压预测天气的变化，还可测高度。

　　琉璃瓶是用琉璃制成的透明小瓶子，内空可盛物，元始天尊运用法术炼制成为神器，承载三光神水。三光神水乃是万水之源，与弱水乃是相对立的存在。三光即日光、月光、星光，炼制所得为神水，效力不同。金色的日光神水，可消磨骨肉精血；乳白色的月光神水，可腐蚀魂魄元神；紫色的星光神水，可吞食真灵识念。将三水合一，可成为宇宙洪荒疗伤圣药。

　　气压计是用于测量大气压强的仪器，种类有无液气压计和水银气压计。

　　无液气压计的主要部分是真空金属膜盒。真空膜盒受大气压的影响发生变化。大气压增加，盒盖凹进去一些；大气压减小，盒盖凸出来一些。盒盖的变化可通过传动机构传给指针，使指针偏转。从指针下面刻度盘上的读数，可知道当时大气压的值。

认清测绘江湖——从十八般武艺开始

水银气压计是根据大气压强不同支持的水银柱高度不同的原理制成，关系式为 $P = \rho g h$（式中，P 代表大气压强，ρ 代表水银密度，g 代表重力加速度，h 代表水银柱高度），将计算出来的值标注在气压计上，指针所指值为当地气压。

我们得知气压后，就可以根据气压预测天气的变化。气压高时天气晴朗；气压降低时，将有风雨天气出现。用气压计可测高度，一般每升高12 米，水银柱即降低大约 1 毫米，因此可测山的高度及飞机在空中飞行时的高度。气压也是距离测量中大气改正的依据。

气压计与琉璃瓶一样，透明可观测。测量员手中的气压计，不仅可通过其观测气压预测天气的变化，还可测高度。气压计也被广泛应用于国防领域、工业领域、医疗领域，以及我们日常家庭生活中，可称宇宙洪荒第一必备神器。

气压计

齐眉乌金棍 ◎ 温度计

齐眉乌金棍,棍中灌有铁砂像极了当今的温度计,只不过乌金棍知晓主人的力量,发挥相应的能力,温度计能测量物体和环境的温度,供人类利用。

　　齐眉乌金棍,棍的一种。常以白蜡杆制成,粗有盈把,棍中灌有铁砂,外表乌光闪烁,棍竖直与人眉高度齐,是真正的天外乌金祭炼而成的宝物,能够随主人的成长而变强。

　　温度计家喻户晓,它的形状、测量方法根据使用目的不同而不同。其设计理论的依据包括:物体受温度的影响而热胀冷缩的现象;在容积不变的条件下,气体(或蒸气)的压强因区别温度而变换;热电效应的作用;电阻随温度的变化而变化;热辐射的影响等。最常见的是玻璃液体温度计、双金属温度计、定压气体温度计。

　　玻璃液体温度计由温泡、玻璃毛细管和刻度标尺等组成。从结构上可分三种:棒式温度计的标尺直接刻在厚壁毛细管上;内标式温度计的标尺封在玻璃套管中;外标式温度计的标尺则固定在玻璃毛细管之外。温泡和毛细管中装有某种液体。最常用的液体为汞、酒精和甲苯等。温度变化时毛细管内液面直接指示出温度。日常生活中用于测量人体温度、水温及大气环境温度,在工程测量中环境温度用于红外线测距改正参数计算。

　　双金属温度计把两种线膨胀系数不同的金属

齐眉乌金棍

认清测绘江湖——从十八般武艺开始

组合在一起，一端固定，当温度变化时，因两种金属的伸长率不同，另一端产生位移，带动指针偏转以指示温度。工业用双金属温度计由测温杆（包括感温元件和保护管）和表盘（包括指针、刻度盘和玻璃护面）组成。测温范围为－80℃到600℃。

定压气体温度计对一定质量的气体保持其压强不变，采用体积作为温度的标志。它只用于测量热力学温度（见热力学温标），很少用于实际的温度测量。

还有一种电阻温度计根据导体电阻随温度的变化规律来测量温度。最常用的电阻温度计都采用金属丝绕制成的感温元件。主要有铂电阻温度计和铜电阻温度计。低温下还使用铑铁电阻温度计、碳和锗电阻温度计。

精密铂电阻温度计目前是测量准确度最高的温度计，最高准确度可达万分之一摄氏度。在－273.34℃到630.74℃范围内，它是国际实用温标的基准温度计。中国还广泛使用一等和二等标准铂电阻温度计来传递温标，用它作标准来检定水银温度计和其他类型温度计。

半导体热敏电阻温度计利用半导体器件的电阻随温度变化的规律来测定温度，其灵敏度很高。

频率测温法采用频率作为温度标志，根据某些物体的固有频率随温度变化的原理来测量温度。这种温度计叫频率温度计。因为根据物体固有频率变化测量温度准确度高，近些年来频率温度计受到人们的重视，发展很快。石英晶体温度计的分辨率可小到万分之一摄氏度甚至更小，还可以数字化，故得到广泛使用。此外，核磁四极共振温度计也是以频率作为温度标志的温度计。

齐眉乌金棍，棍中灌有铁砂像极了当今的温度计，只不过乌金棍知晓主人的力量，发挥相应的能力，温度计能测量物体和环境的温度，供人类加以利用。

在当今时代，人们生活生产及其他很多方面已经离不开温度计了。它也会在未来，在更多领域发挥作用。

捆仙绳 ◎ 引张线

三千年前，周室伐商纣的战火硝烟中，捆仙绳帮助能人异士建奇功拯救苍生。三千年后，国产测绘装备冲出重围高歌猛进，引张线"助力"基础建设共筑中国梦！

三千年前，商末，昏君纣王执政，民不聊生，生灵涂炭。为拯救苍生，姜子牙辅佐周室讨伐商纣，风起云涌的战场上奇谲瑰丽，能人异士腾云驾雾、搬山移海、撒豆成兵，直指商纣王朝，解救黎民。

三千年后，华夏，国产测绘装备如雨后春笋般涌现。随着工业技术的发展，国产测绘装备逐渐占据市场，走出国门，打破垄断。从光学测绘仪器到电子测绘装备，从全站仪到三维激光扫描仪，从实时动态测量数据采集到无人机航测，国产测绘装备全面发力，奋勇向前。引张线系统作为安全监测的利器有了广阔的应用前景。

《封神演义》里提到玉虚宫门下，土行孙的师傅惧留孙有一件法宝，名曰捆仙绳，惧留孙使用它将一气道人捆得结结实实毫无挣扎之力，这根仙绳由惧留孙根据法诀炼制而成。也就是说，捆仙绳可视为惧留孙独立研发的产品，他对自己的产品有完全的自主权，并且只要他愿意，可以随时生产更多的捆仙绳。在国产测绘装备里，还真可以找出与其极为神似的仪器，它被广泛应用于直线型建（构）筑物中进行变形监测，这件实用且安装简易的仪器就是引张线，它与捆仙绳一样拥有产品自主权，可以根据市场需求量化生产。

在测绘学和工程测量学里，引张线法被定义为在两固定点间以重锤和滑轮拉紧的丝线作为基准线，定期测量观测点到基准线间的距离，以求定观测点水平位移量的技术方法。它以简单方便、测量速度快、精度高及成本低的特点而被测绘人认可。比如说在大坝安全监测中，引张线只需要与安装在直线型坝上的引张线装置相配合，就可

捆仙绳

认清测绘江湖——从十八般武艺开始

测量坝体沿上下游方向的水平位移。双向引张线还可同时监测垂直位移，其适用性极强，测量不受环境影响。

引张线的构成也极为简单，它是用一根不锈钢丝在两端挂重锤或一端固定另一端挂重锤，使钢丝拉直成为一条直线，利用此直线来测量建筑物各测点在垂直该线段方向上的水平位移。引张线一般在两端点以倒锤线为工作基点。在普通人眼里，它可能就是一根细细的钢丝，被用来绑扎物体或在工地上当铅垂线使用，但在测绘人眼里，小小的一根钢丝组合成引张线测量系统便能"感知"建（构）筑物微小的变化量，及时预警，防范应对突发情况。正如捆仙绳，同样的法宝在不同人手里的功效各异。土行孙曾经使用捆仙绳捆过杨戬，但被轻易逃脱，而惧留孙使用它却能捆住大罗金仙以下的仙人，因为土行孙法力有限，最多也就能捆住个半仙之体。捆仙绳虽不是万能之物，但它确实是一件依据使用者能力而决定威力的法宝。

三千年前，周室伐商纣的战火硝烟中，捆仙

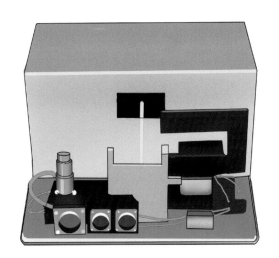

绳帮助能人异士建奇功拯救苍生。三千年后，国产测绘装备冲出重围高歌猛进，引张线"助力"基础建设共筑中国梦！

冰魄银针 ◎ 应变计

应变计，就是冰魄银针，细处见真章，纤纤其形，熠熠其神，便捷其身，精准其魂。

"赤练仙子"李莫愁翩然而至，她的身姿一如她袖中的冰魄银针：纤细、轻巧、精致、曼妙。举袂挥袖间，银针已去，带着精心炼制的夺命剧毒，无色无形，刺骨穿心。

测量设备里，拥有着同样小巧纤细身材和浪漫迅捷身手的，当数应变计。

应变计的主要功能是测量结构的外部变形，从而分析受力状态。我们知道，一般而言，结构在受力状态下，将产生变形，且结构受力与变形存在相关关系，通过测量结构的变形可以计算出结构受力，我们所熟知的弹簧秤就是利用这一原理。

然而，结构的内部受力难以直接进行测量。比如桥梁、道路、大坝等建筑的构件在受力状态下，其外形变化量很小，采用光学仪器难以进行精确测量。应变计可将结构的变形量转化成电信号，电信号易于放大和精确测量。采用应变计可精确测量结构外部变形，从而达到精确测量结构受力状态的目的，对评估结构的安全和健康状态有重要作用。

电阻应变计（简称应变计）的工作原理是基于金属或合金材料受到应变作用时，其电阻将会发生变化。这种所谓的应变电阻效应，是由英国物理学家开尔文于 1856 年提出。其在指导敷设大西洋海底电缆时，利用金属电阻值随水压而变化来测知海水深度，并通过对铜丝和铁丝进行相应的实验，证实了金属丝在机械应变作用下会产生

冰魄银针

电阻变化，并用惠斯顿电桥线路测量了电阻变化。1878—1883 年，汤姆理逊证实了开尔文的实验结果，并指出金属丝的电阻变化是由于金属材料截面尺寸变化的缘故。1923 年，布里奇曼再次验证了开尔文的实验，并发明了用于测量水深的压力计。在这一系列实验中，确立了三个重要事实，即：(1) 金属丝材的电阻变化是应变的函数；(2) 不同的金属材料具有不同的应变灵敏度；(3) 惠斯顿电桥线路可用来精确地测量电阻变化。这些发现为电阻应变计技术的诞生发展奠定了理论基础。[1]

电阻应变计在航空、航天器，原子能反应堆，桥梁，道路，大坝等各种机械设备建筑的结构变形量测中被广泛应用，适用于常用的各类金属及非金属材料。同时，在室内实验、模型实验及现场对实际结构或部件进行测量时皆可使用。

尺有所短，寸有所长。大刀阔斧，削铜断铁。针尖麦芒，一击穿肠！应变计，就是冰魄银针，细处见真章，纤纤其形，熠熠其神，便捷其身，精准其魂。

---

1. 尹福炎：《电阻应变片与测力 / 称重传感器——纪念电阻应变片诞生 70 周年 (1938—2008)》，载于《衡器》，2010 年第 39 卷第 11 期，42-48、51 页。

了然于胸

太极尺 ◉ 倾斜仪

倾斜仪与太极尺，不仅主体外形颇似，而且一样是感知、化解、利用力量的小巧利器。

　　观测认识地壳表面形变规律是研究、预测预防和减轻自然灾害（地震、火山、滑坡、断裂活动等）必不可缺的科学基础。由于地球孕育和地球内部运动的地壳形变过程是一个十分缓慢的过程，短期内的变化量极其微小，所以需要分辨力极高、稳定性极好的仪器，来对各种物理量进行观测。其中，倾斜仪是一种研究地球固体潮与地震分析的重要仪器。

　　倾斜仪以纤细探头在狭小的空间里感知巨大力量引起的变化，正如太极"用意不用力"的哲学境界，心到意到、气与力合，对外力的感应成了高层次的本能反应和条件反射。倾斜仪与太极尺，不仅主体外形颇似，而且一样是感知、化解、利用力量的小巧利器。

　　目前，用于地壳形变监测的高精度倾斜仪有水管倾斜仪、水平摆倾斜仪、垂直摆倾斜仪几种。

　　水管倾斜仪是一种利用自由水面作为标准，测量相隔一定距离的两个观测点之间相对高程变化的倾斜仪。其基本结构是用一根水管的两端连接两个容器，中间为定标装置。当连通管两端有相对垂直位移时，倾斜仪容器中的液体会从相对抬高的一端流向相对降低的一端，于是两端液面与容器的相对位置发生变化，用位移传感器检测这种位置变化就可得到沿水管方向的倾斜变化。[1]

　　水平摆倾斜仪在地表倾斜测量中的应用较早，其主要构件包括两根悬丝、一个摆杆和一个摆锤，悬丝悬挂，摆杆处于水平状态，摆锤安装在摆杆一端，当地表出现与水平摆平面垂直的微小倾斜

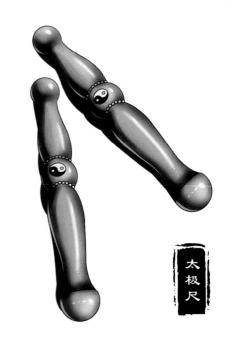

太极尺

时，摆杆在摆锤的带动下出现较大角度的偏转，通过测量偏转角即可反算地表的倾斜量。

垂直摆倾斜仪的主要构件为一个单摆，在重力作用下，摆锤始终位于铅垂线方向，而悬挂摆锤的支架可随地面的倾斜而倾斜，因此通过测量支架与摆锤之间的角度变化即可推算出地面倾斜的变化量。

在建（构）筑物倾斜监测中使用的倾斜仪主要由测斜仪和测斜管组成，测斜仪可分为固定式测斜仪和滑动式测斜仪。滑动式测斜仪主要由测头、测读仪、电缆和测斜管四部分组成。测斜管预埋在建（构）筑物中，通过测斜仪读取水平位移和倾斜角度测算监测对象的倾斜量。

在大地测量和地球物理领域，倾斜仪主要用于监测地壳倾斜的变化，即大地水准面相对地壳平面的偏移。我国的地壳倾斜基本台网用于观测固体潮汐的倾斜仪主要有水平摆倾斜仪和垂直摆倾斜仪，获取的观测资料在精确度、可用率及连续性方面都处于国际先进水平。在工程测量领域，倾斜仪广泛用于土石坝、混凝土大坝、面板坝等水工建筑物，以及房屋、道路、桥梁、隧道等工民建（构）筑物的倾斜测量。

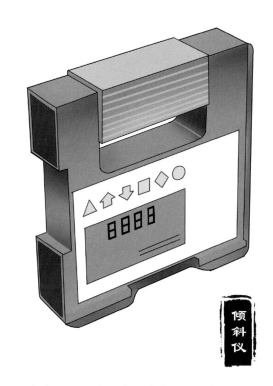

倾斜仪

倾斜仪，要在地壳和建筑物的长期细微变化中守住阵脚，见微知著，必须耐得住、镇得住、稳得住，凝神静气，如影随形。倾斜仪，就是太极尺，可卸万钧之力，可辨纤毫位移，心静气沉，四海安稳。

1. 黄玉，武立华：《高精度倾斜仪研究进展》，载于《传感器世界》，2008 年第 5 期，11 页。

方铁锤 ◎ 重力仪

从此，李元霸对锤类武器更加喜爱，除了使用自己的八百斤铁锤练功外，闲时还研究方铁锤，回忆那个特殊的梦。他知道，在这个年代，没有人会相信他的解释，也只有他清楚一千多年后现在的地方叫中国，那里会有一种叫重力仪的测绘装备，能解释现在除他之外谁都不理解的事情。

在民间流传着隋唐之时李家少年元霸捻铁如泥、力举金狮上殿的故事。传说中，李元霸是金翅大鹏鸟转世，面如病鬼，骨瘦如柴，但两臂有四象不过之力，无人能敌，手持一对八百斤铁锤，所向披靡。

李元霸是一位地道的锤控，天生神力也只有铁锤使起来得心应手。某天，元霸独自一人在树林中准备练功，气沉丹田运力之后，一套流星锤路卷起泛黄的残叶，树枝也跟着颤抖起来，沙沙作响，正当元霸暗暗窃喜自己功力大增的时候，一个不留神，手中的铁锤飞出去，"砰"的一声，四百斤的大锤狠狠地在地面上砸出一个大坑，元霸心中一惊：好大的威力！继而陷入沉思，心想自己没用力，怎么铁锤自己滑出去下落的时候会有这么大的威力？

回到家中，元霸一头扎进书房翻阅书籍研究起来，一改往日莽撞的性格，数日挑灯研究无果，

乏困至极，伏案入睡。恍惚间，元霸看到一束白光，自己起身伸手触摸白光，"嗖"的一下，元霸瞬间来到一间房屋。房屋里摆满了各式不知名的物件，移步向前，却发现房屋地面一尘不染，墙面白得像雪，头顶上一根短棍发出亮光，放眼看去，地面中间放着一棱角分明的黑色物体。元霸刚要走进一探究竟，这时身后传来脚步声，元霸神经一紧马上回头，眼前这个人装扮怪异，一位

短发没有胡子的男子走过来："小伙子，别紧张。"
元霸这才放松警惕，忙问："敢问英雄，在下现在
身处何处？"短发男子哈哈大笑："你不是最近一
直在研究铁锤在没有外力的情况下，自己落地怎
么有那么大的威力吗？你现在已经到了一千多年
后的中国。"元霸一惊："什么？"男子又笑了一下：
"你不用怕，现在我就来给你解释一下困扰你
的问题。"

　　男子指向不远处的黑色物体说："看到了吗？
这个仪器叫重力仪，也就是重力加速度仪，是常
用的测绘装备，用这个仪器就可以测出来物体下
落时的重力加速度。它有绝对重力仪和相对重
力仪两类，前者用来测定一点的绝对重力加速
度值，后者用来测定两点的绝对重力加速度差。
目前重力仪广泛用于地球重力场的测量、固体
潮观测、地壳形变观测，以及重力勘探等各项工
作中。"男子看到一脸懵懂的元霸，顿了顿又说：
"其实啊，测出来物体的重力加速度，加上物体
的自身重量就可以解释为什么你的铁锤自己砸到
地上会有那么大的威力，同时还能把产生的威力
用数字表达出来。"元霸似懂非懂地点点头，男
子接着说："要说我这仪器啊，可以用方铁锤比拟，
大小相似，作用非凡，你自己慢慢品吧。"男子拍
拍元霸肩膀会心一笑。元霸突然惊醒，看着窗外

脑中回响着"方铁锤，重力仪"，突然哈哈大笑起
来，如释重负。

　　从此，李元霸对锤类武器更加喜爱，除了使
用自己的八百斤铁锤练功外，闲时还研究方铁锤，
回忆那个特殊的梦。他知道，在这个年代，没有
人会相信他的解释，也只有他清楚一千多年后现
在的地方叫中国，那里会有一种叫重力仪的测绘
装备，能解释现在除他之外谁都不理解的事情。

天眼 ◉ 射电望远镜

感谢"天眼"，感谢射电望远镜，给予我们聆听外太空的机会，让我们实现探索外太空的梦想。

在贵州省黔南布依族苗族自治州平塘县大窝凼的喀斯特洼坑中，有一个世界上最大的单口径巨型射电望远镜——500米口径球面射电望远镜（FAST），堪称射电望远镜之王，世人称之为中国"天眼"。它的任务除了观测脉冲星，还有巡视宇宙中的中性氢，用于研究宇宙大尺度物理学，以探索宇宙起源和演化。

在神话中，如能有天眼，便可以不受远近、大小、明暗的限制，在物质世界中看到肉眼看不到的事物。FAST 称为"天眼"，有不言而喻之妙。

随着科技的发展，每当观望远方时，人们最常想起的就是用望远镜去查看远处的景物。射电望远镜相比普通的望远镜可以看到更多的东西。射电是比红外线频率更低的电磁波段。射电望远镜跟接收卫星信号的天线锅类似，通过"锅"的反射聚焦，把几平方米到几千平方米的信号聚拢到一点上。简单来说，射电望远镜的任务就是"阅读"宇宙深处的信息。

射电望远镜与光学望远镜不同，它既没有高高竖起的望远镜镜筒，也没有物镜、目镜，它由天线和接收系统两大部分组成。

天眼

巨大的天线是射电望远镜最显著的标志，其种类很多，有抛物面天线、球面天线、半波偶极子天线、螺旋天线等，最常用的是抛物面天线。天线对射电望远镜来说，就好比是它的眼睛，作用相当于光学望远镜中的物镜。它要把微弱的宇宙无线电信号收集起来，然后通过一根特制的管子（波导）把收集到的信号传送到接收机中去放大。

接收系统的工作原理与普通收音机差不多，但它具有极高的灵敏度和稳定性。接收机将这些信号加工、转化成可供记录、显示的形式，终端设备把信号记录下来，并按特定的要求进行某些处理然后显示出来。表征射电望远镜性能的基本指标是空间分辨率和灵敏度，前者反映区分两个天球上彼此靠近的射电源的能力，后者反映探测微弱射电源的能力。记录的结果为许多弯曲的曲线，天文学家通过分析这些曲线，得到天体送来的各种宇宙信息。

20 世纪 60 年代天文学取得了四项非常重要的发现，即脉冲星、类星体、宇宙微波背景辐射、星际有机分子，被称为"四大发现"。这四项发现都与射电望远镜有关。另外射电望远镜在军事方面的用途也比较显著。千百年来人类大多是通过可见光波段观测宇宙。事实上，天体的辐射覆盖整个电磁波段，而其中可见光只是人类可以感知的一部分。射电望远镜可测量银河系的磁场，研究星际空间的物质状态并进一步探测遥远、神秘的"地外文明"。

位于贵州的中国"天眼"无疑是目前聆听外太空声音最清晰的地方。"海客谈瀛洲，烟涛微茫信难求"。感谢"天眼"，感谢射电望远镜，给予我们聆听外太空的机会，让我们实现探索外太空的梦想。

射电望远镜

九龙神火罩 ◉ 爆破测振仪

九龙神火，威力无比，难以控制，但九龙神火罩可降服它。爆破过程，学问高深，难以掌握，但爆破测振仪可监测它。

九龙神火罩曾作为《封神演义》中太乙真人的法宝，后传授于其弟子哪吒使用。施展之时罩内腾腾焰起，烈烈火生，有九条火龙盘绕，放出三昧真火，同时九龙神火罩产生巨大震动，声如雷霆，气如闪电，仿佛有随时爆炸的可能。

九龙神火罩释放的火焰及震动产生的冲击波就像当今岩土爆破中的炸药爆炸产生的能量，对岩土的结构造成破坏。但九龙神火罩对这些火焰及震动波了如指掌，能够控制住这些破坏力，而对当今岩土爆破威力的掌控，就靠爆破测振仪了。

爆破是指采用化学炸药爆炸产生的能量破坏物质原有结构的一种工程应用技术，在工程施工中应用较为普遍。但在现有工程爆破施工中，由于施工环境的复杂性，不合理的工程爆破药包布设方案与起爆方式会产生不同程度的爆破危害，譬如爆破产生的低频振动、冲击波、飞石与尘埃等。其中，由爆破强冲击产生的振动导致周边建构筑体出现裂缝、结构损坏、滑坡等爆破危害最为严重，给人民的生活安全带来较大影响。因此有必要对施工过程中的工程爆破进行监测。

九龙神火罩

爆破测振仪是一种能够测量工程爆破振动强度、频率与振动时长的仪器仪表，并通过对测量数据的处理与分析，评估施工爆破产生的影响，指导后续爆破施工方案，让爆破施工方案在兼顾效率的同时，保证不对周边建构筑体产生危害。此外爆破测振仪还可以通过信息化的方式，采用互联网远程控制技术，实现操作人员不用到爆破施工现场，只需操作计算机终端就能采集爆破振动的数据。爆破测振仪是通过测量爆破振动波，实现对工程爆破危害的评估。爆破振动波是由化学爆炸产生的应力波转化而来的，并在岩土介质中扩散传播，波幅呈现出逐渐衰减的趋势。由于爆破振动波传播介质的复杂性，爆破振动波是一种较为复杂的随机复合波。因此工程人员可以通过对爆破振动波的波形时频特性进行测量，为分析爆破振动危害程度的评估提供数据支撑。由于爆破振动波是物理信号量，爆破测振仪需要将物理信号量转换为数字信号量，并实现采集数据的处理与分析。转换主要包括以下几个步骤：首先，爆破测振仪通过振动传感器将物理信号量转化为对应关系的电压信号量；其次，对转化的电压信号量进行滤波、放大、模数转化，实现将其换算成对应的数字信号量，并存储于芯片内部；最后，通过数据处理算法，提取振动波时频特性数据，并发送至服务器或相关工作人员。在实际工程应用中，爆破测振仪通过连接传感器实现对爆破振动波的速度、加速度、频率等物理信号量进行采集，将物理信号量转换为数字信号量进行存储与处理，并结合工程施工环境，评估工程爆破施工方案的

合理性。当存在多个工程现场同时爆破的情况下，可采用分布式的工作方式将工控机随爆破测振仪安装在工程现场，实现全天候不间断监测，保证工程施工的安全。

九龙神火，威力无比，难以控制，但九龙神火罩可降服它。爆破过程，学问高深，难以掌握，但爆破测振仪可监测它。

伏羲琴 ◎ 振弦式传感器

振弦式传感器以拉紧的金属弦作为敏感元件，伏羲琴借助琴弦振动的频率不同而施展绝世武功，两者的"功力"都有不俗的表现。

　　振弦，顾名思义是一种弦，其来历可追溯到我国古时候的弦乐器和乐鼓的工作原理，弦乐器和乐鼓可通过改变弦的粗细和长度，或改变鼓皮的张紧度和厚度，就可改变它们的发声频率。[1]

　　电子游戏《轩辕剑》中，伏羲琴是由玉石加天丝所制出的琴，借助琴弦振动的频率不同而施展绝世武功，泛着温柔的白色光芒，其琴音能使人心感到宁静祥和，据说拥有能支配万物心灵之神秘力量。[2]

　　振弦式传感器是利用拉紧的金属弦作为敏感元件的非电量电测谐振式传感器，是目前国内外广泛应用的一种传感器。振弦式传感器具有结构简单、抗干扰能力强、坚固耐用、测值可靠、精度与分辨率高、稳定性好等一系列优点，其输出为频率信号，便于远距离传输，可以直接与微机接口相连，寿命长，灵敏度高，被广泛应用于大坝、桥梁、公路、隧道等对力、位移和裂缝的监测和检测工作中。[3]

　　国际上生产振弦式传感器的著名厂商有美国基康公司，法国 Telemal 公司等。如今振弦式传感器已经成为了用于应力应变、裂缝变化、建筑沉降等测量的先进传感器之一。

　　国内振弦式传感器的研究开始于 20 世纪

60 年代。虽然起步较晚，但是也取得了不俗的成就。20 世纪 70 年代开始，山东科技大学邓铁六教授等人便投身于对振弦式传感器、智能仪器和监测系统的研究，后来提出了精确数学模型，提高了传感器的准确性和重复性，并于 20 世纪 90 年代研制出了单线圈振弦式传感器。传感器的振弦传感技术由振弦传感器、激发电路、高准确度快速测频电路、单片机、微机等组成，具有广阔的发展前景。1984 年，南京水利科学研究所研制出了可以监测 32 个点的振弦传感器巡回检测装置。1996 年，崔玉亮教授等人对振弦式传感器测量精度的公式进行了修正。2010 年，邓铁六教授等又发明了一种高准确度振弦式压力传感器。2013 年，水利部珠江水利委员会蒙永务研究了振弦式传感器频率测量的问题，针对其输出信号弱、易受干扰提出了基于锁相环的新型测频电路。[3]

振弦式传感器

经过多年的发展，振弦式传感器已成为一种技术含量高、使用范围广的经典普适性传感器。随着技术的革新，振弦式传感器的研究工作也仍然在进行中。而其也会像伏羲琴驱魔降妖、净化心灵的传说那样流芳百世。

1. 张庆玲：《检测技术理论与实践》，北京航空航天大学出版社，2007 年，120 页。
2. 王梦龙：《伏羲时期部落人群身体娱乐活动雏形的人类学研究》，郑州大学，2013 年，27 页。
3.《振弦式传感器的应用和发展研究》，参见"https://wenku.baidu.com/view/41ae627019e8b8f67c1cb9c1.html"。

盘古斧 ◎ 连续电导率测试仪

天地混沌时，盘古斧开天辟地，阳清为天，阴浊为地。测量勘探中，连续电导率测试仪测大地电磁，深部探测，创无限奇迹。

传说天地混沌之初，盘古由睡梦醒来，见天地晦暗，遂拿一巨大之斧劈开天与地，自此才有了我们的世界。此斧名曰盘古斧，拥有分开天地、穿梭太虚之力，斧阔三万三千丈，柄粗三千三百丈，长六万六千丈，除了盘古能舞动外，无人可使。

连续电导率测试仪英文简称EH4。在工程勘探中，地形复杂的山区勘探一直是难点，尤其是山区深部地层的勘探，更是一个世界性难题。EH4能适应复杂、恶劣的地形环境，运用大地电磁测深原理，利用天然电磁场和人工激励电磁场，探测深度可达到1000米。采用EH4在山区地表进行连续布点测试，将测试数据按剖面进行成像，形成的剖面犹如山体被直立切割，清晰展示其内部地层特征。EH4就如同一把开山斧，斧头向大地挥一下，便可透过切口查看其内部结构。

电与磁是大自然中一直存在的现象，例如闪电与磁石。人类很早就知道运用电与磁来改善生活。除了自然存在的电磁场外，人们为生活的便利开发了许多用电器具，如常用的手机、电视、吹风机、电磁炉、微波炉、计算机、冷气等家用电器，以及地铁、电气火车、输变电设备等公共设施，方便了生活，也增加了一些人为的电磁场。

电与磁是一体两面，变动的电会产生磁，变动的磁则会产生电。电磁的变动如同微风轻拂水面产生水波一般，因此被称为电磁波，而其每秒钟变动的次数便是频率。当电磁波频率低时，主要是由有形的导电体才能传

递；当频率提高时，电磁波就会外溢到导体之外，不需要介质也能向外传递能量，这就是一种辐射。

利用宇宙中的太阳风、雷电等所产生的天然交变电磁场为激发场源，又称一次场。该一次场是平面电磁波，垂直入射到大地介质中。由电磁场理论可知，当电磁波在地下介质中传播时，由于电磁感应作用，大地介质中将会产生感应电磁场，地面电磁场的观测值也将包含有地下介质电阻率分布的信息。而此感应电磁场与一次场是同频率的，在一个宽频带上观测电场和磁场信息，通过计算视电阻率和相位，可确定大地的地电特征和地下构造，这就是大地电磁测深观测系统的简单的方法原理。[1]

EH4 所使用的频率为 10~105 Hz，其探测深度一般在地下 1000 米以内。基于对断面电性信息的分析研究，可以确定地电断面的性质。该系统适用于各种不同的地质条件和比较恶劣的野外环境。此外，EH4 依靠先进的电磁数据自动采集和处理技术，将大地电磁法和可控源音频大地电磁法结合起来，实现了天然信号源与人工信号源的采集和处理，成为国际先进的双源大地电磁测深系统。[2]

EH4 双源连续电导率剖面仪是双源型电磁系统，大量应用在金属矿探测、岩土电导率分层、地下水探测、煤田高分辨率电探、地质环境调查、越岭隧道勘查等领域。

天地混沌时，盘古斧开天辟地，阳清为天，阴浊为地。测量勘探中，连续电导率测试仪测大地电磁、深部探测，创无限奇迹。

1. 陈炳武，李怀京：《EH-4 电导率成像系统在铝土矿找矿中的应用研究》，载于《物探化探计算技术》，2012 年第 34 卷第 5 期，587-592、503 页。

2. 李艳丽，林春明，于建国，等：《EH4 电磁成像系统在杭州湾地区晚第四纪地层中的应用》，载于《地质论评》，2007 年第 53 卷第 3 期，413-420 页。

认清测绘江湖——从十八般武艺开始

无影神针 ● 地质雷达

地质雷达可以"伸出"一双无形的"手",轻而易举地"触摸"深埋地下的构件,探索并获取相关构件信息,犹如无影神针悄无声息制敌般犀利。

江湖中,每一位武林人都有成为天下第一的梦想,于是经常可以看到纷争。为了达到称霸武林的目的,除了苦练本领之外,不少人动起了歪心思,比如使用暗器。在冷兵器时代,暗器的使用十分常见,主要在于其体积小、重量轻,便于携带,大多有尖有刃,可以掷出十几米乃至几十米之远,而且速度快、隐蔽性强,等于常规兵刃的大幅度延伸,具有较大的威力。

在江湖的诸多暗器中,无影神针极为普遍,在《雪山飞狐》中,汤沛帮助凤天南在天下掌门人大会上使用无影神针作弊扬名,将机关置于鞋底,脚跟磕地即可发射银针,速度奇快,无影无踪。无影神针的厉害之处,就在于其悄无声息,能快速制敌。在各大门派的争斗中,无影神针往往成为一种制胜的"手段",是一种名副其实的"冷杀手"武器。

无影神针在影视剧中的普及程度远比其他暗器高,在《神探狄仁杰》中,作为剧中顶级暗器

无影神针

的无影神针,多为高手过招时毙敌所用,其细如牛毛,杀人于无形,又快又狠,不用肢体接触便可决定谁胜谁负。

要说测量界与无影神针相媲美的"冷杀手"武器,当属地质雷达。

地质雷达,是一种利用高频电磁波技术探测地下物体的电子设备,利用超高频电磁波探测地下介质分布。它的基本原理是:发射机通过发射

天线来发射中心频率为 12.5 兆至 1200 兆、脉冲宽度为 0.1 纳秒的脉冲电磁波信号。当这一信号在岩层中遇到探测目标时，会产生一个反射信号，直达信号和反射信号通过接收天线输入接收机，放大后由示波器显示出来。根据示波器有无反射信号，可以判断有无被测目标；根据反射信号到达滞后时间及目标物体平均反射波速，可以大致计算出探测目标的距离。[1]

由于地质雷达的探测是利用超高频电磁波，其探测能力优于如管线探测仪等使用普通电磁波的探测类仪器，所以地质雷达通常广泛用于考古、基础深度确定、冰川、潜水面、溶洞、地下水污染、地下管网探测、矿产勘探、地下埋设物探察，以及公路地基和铺层、钢筋结构、水泥结构、无损探伤等检测。[2,3,4]

相比于其他城市部件检测，地质雷达检测的构件都在地下或物体内部，地质雷达可以"伸出"一双无形的"手"，轻而易举地"触摸"深埋地下

地质雷达

的构件，探索并获取相关构件信息，犹如无影神针悄无声息制敌般犀利。

无影神针与地质雷达悄无声息的"制敌"能力，是其他武器所望尘莫及的，从这个层面上来说，地质雷达是测绘界当之无愧的无影神针！

1. 李大心：《探地雷达方法与应用》，地质出版社，1994 年。

2. 王惠濂：《探地雷达概论一暨专辑序与跋》，载于《地球科学：中国地质大学学报》，1993 年第 3 期，249-256 页。

3. 雷林源：《探地雷达应用中的几个基本问题》，载于《物探与化探》，1998 年第 22 卷第 6 期，408-414 页。

4. 施逸忠：《地质雷达原理及其在水利水电工程中的应用》，载于《水利水电科技进展》，1996 年第 16 卷第 1 期，16-20 页。

盘古幡 ◎ 合成孔径雷达

在远古洪荒时期，得到盘古幡者才能得天下，而如今，拥有合成孔径雷达技术才能立足于测绘世界！

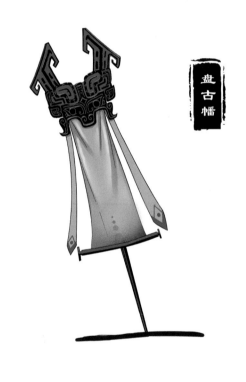

盘古幡

《封神演义》中，盘古幡是先天至宝，传说为盘古斧所化，其拥有撕裂鸿蒙混沌之威、粉碎诸天时空之力、统御万法奥义之功、开辟天地寰宇之能。因此在远古时代，拥有盘古幡必能号令天下，称霸洪荒世界，可谓战争至宝。

合成孔径雷达是一种高分辨率成像雷达，广泛用于军事领域，可以在能见度极低的气象条件下得到类似光学照相的高分辨率雷达图像。利用雷达与目标的相对运动，把尺寸较小的真实天线孔径用数据处理的方法，合成一个较大的等效天线孔径的雷达，也称综合孔径雷达。其首次使用是在 20 世纪 50 年代后期，装载在 RB-47A 和 RB-57D 战略侦察飞机上，具有不受光照和气候条件等限制实现全天时、全天候对地观测的特点，甚至可以透过地表或植被获取其掩盖的信息。尤其是未来的战场空间将由传统的陆、海、空向太空延伸，作为一种具有独特优势的侦察手段，合成孔径雷达卫星对夺取未来战场的信息权，甚至对战争的胜负具有举足轻重的影响。

试想一下，现代战争中敌方若是拥有合成孔径雷达，己方军事基地、战备领域就都暴露在敌人眼前，这难道不是战争神器？

当然，经过近60年的发展，合成孔径雷达技术已经比较成熟，各国都建立了自己的合成孔径雷达发展计划，各种新型体制合成孔径雷达应运而生。合成孔径雷达不仅在军事领域，在灾害监测、环境监测、海洋观测、资源勘察、农作物估产、测绘等民用领域也取得了极大的发展。

目前，许多新技术和新器件相继成功开发并应用于雷达系统中，使得雷达系统的性能和指标有了大幅度提高。与此同时，由于航空航天等技术发展的需要，雷达的应用范围不断地扩大，功能不断地增强，众多不同体制的雷达研制成功并投入使用，雷达技术的应用空前繁荣。在航空方面，合成孔径雷达的分辨率可达到1米以内。航天器上的合成孔径雷达因作用距离远，为达到高分辨率，技术较为复杂。1972年发射的"阿波罗"17号飞船、1978年发射的"海洋卫星"和1981年发射的"哥伦比亚"号航天飞机上都装有合成孔径雷达，其主要用于航空测量、航空遥感、卫星海洋观测、航天侦察、图像匹配制导等。它能发现隐蔽和伪装的目标，如识别伪装的导弹地下发射井，识别云雾笼罩地区的地面目标等。在导弹图像匹配制导中，采用合成孔径雷达摄图，能使

合成孔径雷达

导弹击中隐蔽和伪装的目标。合成孔径雷达还用于深空探测，例如用合成孔径雷达探测月球、金星的地质结构等。

鸿蒙创世此为功，混沌衍生显真雄。开天辟地造化现，盘古圣威势如虹。在远古洪荒时期，得到盘古幡者才能得天下，而如今，拥有合成孔径雷达技术才能立足于测绘世界！

子母龙凤环 ◉ 地磁仪

地磁仪就如这子母龙凤环一般，控以天下磁，出其不意，电闪身形匿，使人措手不及，雷霆霹雳，万劫归一。风云乍起，毁天灭地！

子母龙凤环

　　《多情剑客无情剑》的故事里，子母龙凤环于百晓生《兵器谱》上排名第二，起初隐于江湖，鲜有听闻，却于一夜之间以不世枭雄之姿席卷武林。

　　子母龙凤环是古龙笔下上官金虹的武器，双环交错，一环呈金龙环绕，一环呈金凤环绕。材质特殊，可以吸住各种铁制兵器，能收能放、可攻可守，是兵器中少有的以磁力为特色的利器。

　　现如今，地震、海啸、台风等自然灾害可以被人类直接感知，因此人类对它们带来的巨大危害非常熟悉。但是自然界有很多危害并不为人所知，地磁危害就是其中之一，它的破坏性对人类甚至地球上所有生物的生存都有极大的伤害。

　　一般来说，地磁要素的变化是很小的，但是与太阳活动有密切联系的磁暴现象，却发生得十分突然。这是因为太阳黑子活动剧烈的时候，放出的能量相当于几十万颗氢弹爆炸的威力，同时喷射出大量带电粒子。这些带电粒子射到地球上形成的强大磁场迭加到地磁场上，使正常情况下的地磁要素发生急剧变化，引起"磁暴"现象。发生磁暴时，地球上会发生许多奇异的现象。在漆黑的北极上空会出现美丽的极光，指南针会摇摆不定，无线电短波广播突然中断，依靠地磁场"导航"的鸽子也会迷失方向、四处乱飞。地磁场能

阻挡宇宙射线和来自太阳的高能带电粒子，是生物体免遭危害的天然保护伞。另外地磁场对于人类具有重大的作用，行军、航海中利用地磁场对指南针的作用来定向。人们还可以根据地磁场在地面上分布的特征寻找矿藏。

　　中国很早就发现了磁石，四大发明之一的指南针正是利用了地磁，沈括的《梦溪笔谈》中也记录了磁石的性质和指南针的制作方法。我国地磁测量仪器真正开始发展的时期是 20 世纪 60 至 70 年代。1965 年，长春地质学院研究出第一台光泵磁力仪，为我国相关领域填补了空白。随后地磁测量仪器百花齐放，仪器测量的地磁场要素由单个向多个发展。1993 年，由中国科学院地球物理研究所研制的具有世界先进水平的 CTM-DI 型地磁仪问世，该仪器于 1999 年作为绝对观测仪器投入业务使用，充分验证了其在模拟化观测和数字化观测中的可靠性。发展至今，我国地磁测量仪器的研发与生产已有一定规模，现在的地磁仪具有全天候、全方位、高精度、微型化、高采样率和低功耗等特点。新型的地磁仪如超导量子磁力仪、原子磁力仪等，它们的超高精度也将使其担负更重要的任务。

　　目前地磁仪主要测量地磁要素及其随时间和空间的变化，为地磁场的研究提供基本数据，主要测量领域有陆地磁测、海洋磁测、航空磁测和卫星磁测等，未来将会应用到医学、生物等高难度领域。我国现在地磁领域投入大量的人力、物力、财力，同时也向发达国家学习，引进技术，缩短差距，使我国地磁科技更上一层楼。

　　对磁力的利用同样在百晓生的笔下出现，子母龙凤环正是这样一件神器，善于利用者可号令天下、称霸武林。急功近利、充满戾气者根本无法完全驾驭它，反倒会被其本身具有的威力所伤。

　　地磁仪就如这子母龙凤环一般，控以天下磁，出其不意，电闪身形匿，使人措手不及，雷霆霹雳，万劫归一。风云乍起，毁天灭地！

四四

峨眉刺 ◉ 浅地层剖面仪

用峨眉刺比喻浅地层剖面仪，
真的不是开玩笑！

峨眉刺

峨眉刺，古代水战中使用的一种格斗短兵械，可在水中作刺杀或潜入水底凿穿船底之用，又被称为分水峨眉刺。兵器轻巧，便于携带，使用时，左右手各执一支，将圆环套于双手的中指上，屈指握紧时可做拦、刺、穿、挑、推、铰、扣等动作技法，张手撒放时可运用手腕的拌劲和手指的拨动使之在手中做快速贴掌转动来迷惑对手。同时配合各种步型、身法，演练起来倒也优美，但无时不透露着杀机，可谓兵器中的"笑面虎"。

浅地层剖面仪，是利用声波探测浅底地层剖面结构的仪器。其是在超宽频海底剖面仪基础上改进，对海洋、江河、湖泊底部地层进行剖面显示的设备，结合地质解释，可以探测到水底以下地质构造情况。该仪器在地层分辨率和地层穿透深度方面有较高的性能，并可以任意选择扫频信号组合，现场实时地设计调整工作参量，可以在航道勘测中测量河（海）底的浮泥厚度，也可以测量海上油田钻井的基岩深度和厚度，具有操作方便、探测速度快、图像连续的特点。

相信很多人疑惑了，峨眉刺和浅地层剖面仪有什么关系？两者不管是从字面意思理解还是从用途区分，其实都是大相径庭的。在这里，将传统武术器械和测绘装备强行对比，这确定不是开玩笑？对，不是开玩笑。

首先，峨眉刺其实在清代末年就作为武术项目出现在大众视野，表演时，将圆环套在练者中指上，左右手各持一支，运用抖腕和手指拨动，使其转动，别致的造型足以给人留下深刻的印象。浅地层剖面仪，是在回声探测仪基础上发展而成，并不是直接以浅地层剖面仪面世。所以两者在进入大众视野前，都以另一种形式表现过。

其次，峨眉刺在古代水战中最常使用，隐秘性强、破坏性大。浅地层剖面仪是一种在海洋地质调查、地球物理勘探、海洋工程、海洋观测、海底资源勘探开发、航道港湾工程、海底管线铺设中广泛应用的仪器，它能轻松探测水底以下地质构造。所以两者在应用领域有着高度的相似性。

最后，峨眉刺轻巧便于携带，《七侠五义》中翻江鼠用的就是这种兵器，黄蓉在成为丐帮帮主前用的也是这种兵器，足以证明其小巧玲珑。浅地层剖面仪操作方便、探测速度快、图像连续，不需要掌握太深的专业知识即可满足作业需求。所以两者都具备简单实用的特性。

所以说，用峨眉刺比喻浅地层剖面仪，真的不是开玩笑！

浅地层剖面仪

认清测绘江湖——从十八般武艺开始

照妖镜 ◎ 管线探测仪

照妖镜和管线探测仪，来自不同的领域，却同样可以快速地看透事物本质，让它假灭真存！

　　自来水公司、煤气公司、铁道通信、市政建设、工矿、基建单位，在改造、维修、普查地下管线时，一定会使用的设备是管线探测仪。

　　管线探测仪有两种：一种是利用电磁感应原理探测电缆、金属管线和带有金属标志线的非金属管线；另一种是利用电磁波探测所有材质的地下管线，这种探测仪也被称为管线雷达。

　　两种探测仪各有优劣。第一种探测仪探测速度快、简单直观、操作方便、精确度高。但是在探测非金属管线时，必须借助探头，这种方法需要侵入管线内部，使用起来比较费力。第二种探测仪能探测所有材质的管线，但对地磁环境要求较高，对操作者素质和经验要求高，对埋设深度较深、管径较小的管线探测能力较差。

　　通常，我们说的"管线探测仪"是指利用电磁感应原理的管线探测仪。

　　管线探测仪由一台发射机和一台接收机构成。发射机用来给被测管线施加一个特殊频率的信号

照妖镜

电流；接收机配置有图形显示器，能够实时显示探测过程中的各种参数及信号情况。

管线探测有无源和有源两种工作方式。无源工作方式用来搜索一个区域内未知的电力电缆；有源工作方式用来追踪和定位发射机所发送的电磁信号。

照妖镜，是传说中能照出妖魔鬼怪原形、透视灵魂的宝镜。在古代四大名著《红楼梦》《西游记》中，就有不少对照妖镜描写的笔墨，而且西方神话和童话里也有功能相近的魔镜。李商隐的诗中也提到："我闻照妖镜、及与神剑锋。"

现在，照妖镜多被比作看穿阴谋诡计、看到本质的事物。而管线探测仪，也能在不破坏地面覆土的情况下，快速准确地探测出地下自来水管道、金属管道、电缆等的位置、走向、深度及钢质管道防腐层破损点的位置和大小。它们来自不同的领域，却同样可以快速地看透事物本质，让它假灭真存！

管线探测仪

认清测绘江湖——从十八般武艺开始

天神之眼 ◉ 管道内窥电视摄像检测系统

天神之眼，自地及下地六道中众生诸物，诸色无不能照，正如管道内窥电视摄像检测系统，即使在环境恶劣的管网条件下也能检测出管道的破裂、腐蚀和焊缝质量情况。

幻想着，看穿过去；

幻想着，感知现在；

幻想着，透视未来……

小时候，探索着长大后的路；

长大后，追寻着小时候的梦……

终于，天神之眼，唤醒年少的梦。

天神之眼，归属佛教，佛教五眼之一，透视六道、远近、上下、前后、内外及未来。《大智度论》中这样描述："天眼，得色界四大造清净色，是名天眼。天眼所见，自地及下地六道中众生诸物，若近、若远、若粗、若细，诸色无不能照。"

年少的梦竟是这般奇幻的存在，长大后的路竟能追寻到年少的梦，没有人比笔者更幸运了吧？

倘若年少的自己拥有过"天神之眼"，那么未来的路都早已在预料之中，或许人生的轨迹早已变化，或坐拥多到无法想象的财富，或掌握至高无上的权力，竟情不自禁地乐了起来。

毕业至今，笔者从事的工作一直和测绘有关，要说天神之眼是年少的梦，那管道内窥电视摄像检测系统就是将年少的梦落到了现实。

认清测绘江湖——从十八般武艺开始

管道内窥电视摄像检测系统，主要是通过闭路电视录像的形式，使用摄像设备进入排水管道，将影像数据传输至控制电脑后进行数据的分析检测，这类检测可全面了解管道内部结构状况。随着城市发展，城市排水管网作为城市的重要基础设施之一，排水管网的安全管理工作显得日益重要，对排水管网的管理要求也逐渐提高。

城市的排水管网类似于人体的血管，十分重要又隐藏在暗处。我们都知道，随着人们生活质量的提高，摄入过多的营养带给血管的压力也在日渐增大，在血管得不到及时疏通的情况下，心脑血管疾病的患病概率将逐渐增大。与之类似，城市的迅速发展带给排水管网的压力剧增，常年的沙土淤泥沉淀堵塞了排水管中的大量空间，导致城市内涝问题突出，给人们出行带来极大不便的同时又隐藏着严重的交通隐患。很显然，常规的测量设备已满足不了城市排水管网的排查工作，而管道内窥电视摄像检测系统能很好地克服被测物体隐蔽性强的特点，哪怕待测物体在昏暗潮湿的地下，系统也能轻松地感知前后、左右的实地情况。

天神之眼，自地及下地六道中众生诸物，诸色无不能照，与之类似，管道内窥电视摄像检测系统，即使在环境恶劣的管网条件下也能检测出管道的破裂、腐蚀和焊缝质量情况，辅助人工进行管道损伤判断，及时发现管道病害，防患于未然。

小时候的梦，圆了；

长大后的路，通了。

管道内窥电视摄像检测系统像天神之眼一般，洞察危险，造福苍生！

一阳指 ◎ 电子手绘屏

一阳指，潇洒灵逸，落指分毫不差，传世武功绝学。电子手绘屏，小巧玲珑，数据准确无误，测绘仪器精品。

在金庸小说里，一阳指乃大理段氏的传世武功绝学，亦是"南帝"一灯大师的专擅指法。运功后以右手食指点穴，出指可缓可快，缓时潇洒飘逸，快则疾如闪电，但着指之处，分毫不差。当与敌人挣搏凶险之际，用此指法既可贴近径点敌人穴道，也可从远处快速近身攻击，一中即离，一攻而退，实为克敌保身的无上妙术。

在测绘行业中，测量人员需要有一定的绘图水平。电子手绘屏的出现，为测绘人员提供了助力，在准确表达出数据的同时，又能使整个草图整洁美观，大大提高了内业成图的效率。目前的一些地图和符号的设计都可以通过电子手绘屏来实现，在创意地图的生产过程中电子手绘屏起到了无可替代的作用。

电子手绘屏采用的是电磁式感应原理，通过电磁感应来实现光标的定位及移动。电子手绘屏内有一块电路板，横竖均衡排列的线条将电子手绘屏切割成均匀的小方格，板面上因此产生了均衡而纵横交错的磁场。触控笔在电子手绘屏上移

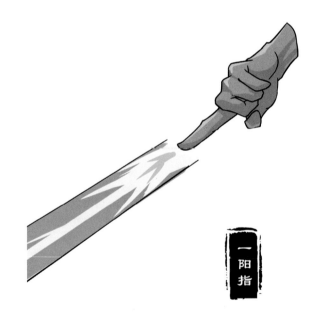

一阳指

动的时候，会产生电信号，芯片通过多点定位的
方式就能准确确定笔尖位置。

电子手绘屏可以让电脑使用者找回纸上画画
的感觉，各种式样的画笔模拟让它能够呈现多种
效果。比如模拟毛笔，用力重时可以画出很粗的
线条，用力轻时能画出细淡的线条；再比如模拟
喷枪，用力的大小能控制墨汁多少和范围大小，
根据笔的倾斜角度能喷出各式扇形。除了传统的
画笔效果外，由于电脑的介入，传统工具无法实
现的效果也能得到完美呈现。例如根据用力大小
进行的贴图绘画，只需要轻轻几笔就能很容易绘
出一片长满大小形状各异树木的森林。正是电子
手绘屏兼具的传统画笔和电脑设计的综合功能，
让其成为测绘行业中无法被替代的仪器。

一阳指，潇洒灵逸，落指分毫不差，传世武
功绝学。电子手绘屏，小巧玲珑，数据准确无误，
测绘仪器精品。

电子手绘屏

认清测绘江湖——从十八般武艺开始

撼天动地

飞刀 ● 多旋翼无人机

在测绘工作中，多旋翼无人机如飞刀般轻巧、便携，且迅猛、凌厉，例无虚发。

飞刀，又见飞刀。

说到飞刀，首先想到的必定是古龙笔下的小李飞刀。小李探花李寻欢所用的刀其实非常普通，京城大冶的铁匠每花两个时辰便可打造出这样一把令人心惊肉跳的兵器来。它之所以在百晓生所著《兵器谱》中排在第三，仅列天机棒、子母龙凤环之后，取决于使用它的人，取决于它的快。到底有多快？江湖对小李飞刀的评价：小李神刀，冠绝天下，出手一刀，例不虚发！这里有个数据：李寻欢曾发飞刀76次，杀51人，伤25人。例不虚发，靠的是什么？一个字——快。果然是应了那句话："天下武功，唯快不破。"

在测绘领域，可与飞刀相媲美，快速响应并获取目标信息的，当属多旋翼无人机。

多旋翼无人机也叫作多轴无人机，它不仅灵活、简单，可垂直起降，可悬停、侧飞、倒飞，而且经济实惠，价格相对较低。根据螺旋桨数量，多旋翼无人机又可细分为四旋翼、六旋翼、八旋翼等。以其中最常见的四旋翼为例，它有四个旋翼，且正反桨两两成对，分别向不同方向旋转，以此平衡扭矩。四个旋翼通过旋转向旋翼下方推送气流，通过旋翼推送气流的反作用力来举升和推进飞行。它的四个旋翼大小相同，分布位置对称，通过调整不同旋翼之间的相对转速，调整空气入流量，来调节拉力和扭矩，从而控制飞行器悬停、

旋转或航线飞行，实现对飞行器姿态的控制。一般认为，螺旋桨数量越多，飞行越平稳，操作越容易。

当前，随着无人机技术的不断进步，多旋翼无人机各部件都趋向于平台化、标准化的模块式设计，极大提高了多旋翼无人机的易用性与可维护性，还能快速更换有效载荷以满足不同应用的需求。

依据多旋翼无人机自身性能特点，结合应用需求，可挂载不同的设备，实现不同的用途。普通消费级多旋翼无人机，多挂载高清相机，可获取高分辨率地面照片，支持高清摄像，常用于影视拍摄。专业级多旋翼无人机，挂载设备依据应用领域不同而有所差异，如：应用于农林植保的多旋翼无人机，多挂载储存喷洒药水的容器和喷头；公安侦查用多旋翼无人机，多挂载红外摄像机，便于在夜晚、密林等复杂条件下进行侦查；测绘用多旋翼无人机，可挂载激光雷达传感器、多光谱相机、倾斜相机等传感器，以获取地面的激光雷达点云、多光谱数据和倾斜影像等数据，进而生成高精度数字高程模型、正射影像、实景三维模型等产品，广泛应用于传统工程测量、航空摄影测量、地形三维制作、实景三维建模等领域，为城市规划、违法建筑排查、工程建设、文物保护、政府决策等提供了重要的数据支撑。

此外，在测绘工作中，多旋翼无人机以其重量轻、体积小、机动灵活、不受起降场地限制等优点，可对航摄任务做出迅速响应，有利于抓住短暂的晴好天气进行快速作业；可解决由于高山阻碍、道路原因不能实现正常起降，或者云层过低等技术和环境难题。多旋翼无人机如飞刀般轻巧、便携，且迅猛、凌厉，例无虚发。

天梭 ◎ 固定翼无人机

固定翼无人机同样"个小能耐大",可通过动力系统和机翼的滑行实现起降和飞行,方便快捷,经济好用,与天梭类似。

美国的科幻电影《幽灵行动——阿尔法》中,四位幽灵小队成员深入俄罗斯腹地,主要任务是破坏一起武器交易,并同时刺杀其中的恐怖组织核心成员。为了获取到俄罗斯某地的兵力、武器装备、防护措施等情报,幽灵小队派出了他们的侦察神器——天梭进行现场勘测。天梭形态小巧、功能强大,可在低空中飞行,机动性和灵活性好,圆满完成了幽灵小队交给的任务。固定翼无人机同样"个小能耐大",可通过动力系统和机翼的滑行实现起降和飞行,方便快捷,经济好用,与天梭类似。

天梭

相对于旋翼无人机而言,固定翼无人机的诸多优点使其应用更加广泛。它续航时间长,成本低,机动灵活性强,对飞行天气条件和起飞降落场地要求低,测绘成果精度高,空域申请便利。这种无人机的机身多为玻璃钢及碳纤维材料制作而成,工艺简单,损伤后修复方便,是卫星遥感和有人机航空遥感的有力补充。

航测固定翼无人机飞行平台系统由飞行器平台、飞行导航与控制系统、地面监控系统、机载遥感设备、数据传输系统、发射与回收系统、野外保障装备七部分组成。其中飞行导航与控制系统是整个无人机最为重要的组成部分,相当于无人机的大脑。

天梭的控制系统在电影中没有交代，但固定翼无人机自主飞行控制系统通常包括方向、副翼、升降、油门、襟翼等控制舵面。通过舵机改变机翼的翼面，产生相应的扭矩，飞机便能实现转弯、爬升、俯冲、横滚等动作。要实现这些动作，飞控系统要接收并处理两个来源的数据：一种是各传感器测量到的飞行状态数据，还有一种是无线电测控终端传输的由地面测控站上行信道送来的控制命令及数据。

依靠机载全球定位系统（GPS）定位的辅助作用，当无人机到达设定的拍摄点位时，飞控系统会向机载遥感设备发出记录地表信息的指令，同时记录下拍摄点位的坐标信息。如果无人机偏离了原设计航线或与设计高度不一致时，角速率传感器、姿态传感器、高度传感器、空速传感器等传感器就会检测到变化，由飞控计算出修正舵偏量。伺服机构（舵机）将舵面操纵到所需位置，使无人机保持在设定的高度和航向飞行，实现对无人机各种飞行姿态的控制和对任务设备（数码相机或红外线扫描仪）的管理与控制。同时将无人机的状态数据及发动机、机载电源系统、任务设备的工作状态参数实时传送给机载无线电数据终端，经无线电下行信道发送回地面测控站，从而完成整个飞行任务。

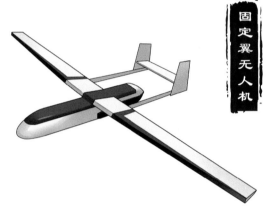

固定翼无人机

随着无人机与数码相机技术的发展，基于无人机平台的数字航摄技术已显示出其独特的优势，无人机与航空摄影测量相结合使得"无人机数字低空遥感"成为航空遥感领域的一个崭新发展方向。系统携带的数码相机、倾斜相机、微型合成孔径雷达设备可快速获取地表信息，获取超高分辨率数字影像和高精度定位数据，生成数字高程模型、数字正射影像图、三维地表模型、实景三维模型等二维、三维可视化数据。

固定翼无人机航摄可广泛应用于国家重大工程建设、灾害应急与处理、国土监察、资源开发、新农村和小城镇建设等领域，尤其在基础测绘、土地资源调查监测、土地利用动态监测、数字城市建设和应急救灾测绘数据获取等方面具有明显的优势。

千里眼 ◉ 航摄仪

在测绘装备家族中，也有一位堪称千里眼，它就是航摄仪。

在中国古代的神话故事里，常有关于"千里眼"这种"神通"的描述。比如在《封神演义》的小说里就有"千里眼"高明这个人物，他能眼观千里，常常窥探西岐营中的军情；而在家喻户晓的《西游记》故事中，孙悟空一出世便惊动天庭，玉皇大帝急命千里眼一瞧究竟，千里眼运起神通将事情看了个清楚，然后向玉皇大帝禀告，这才引出大闹天宫、西天取经等一系列后话。

神话故事里的千里眼，能将千里之外的微小毫发看得清清楚楚。而在测绘装备家族中，也有一件可媲美千里眼的兵器，它就是航摄仪。航摄仪是航空摄影仪器的简称，专指搭载在低空、中空、高空等航飞平台上进行空中光学摄影的设备。

人类自古就梦想能从天空中把大地上的万物尽收眼底。自从摄影术发明之后，人们就一直尝试在风筝、热气球上面，甚至鸽子身上挂载相机，从而获取"鸟瞰"视角的照片。随着1903年莱特兄弟的飞机升空，飞机成了理想的航空摄影平台，而这也促进了航空摄影器材的快速发展，比如相机的手拨快门改为机械快门、单镜头变成多镜头组合、光圈可多档调节及增加稳定底座等。在两次世界大战期间，各国航空部队担起侦察军情和绘制战场地图的重任，航摄仪发挥了重要作用，同时航摄仪的技术和装备也获得了长足的进步。

千里眼

航摄仪

"二战"结束后，航摄仪快速向民用领域拓展。在技术层面，随着电子计算机和相关学科的发展，航摄影像的后处理相关技术率先进入数字时代，航摄仪设备则紧随其后，从胶片感光的模拟时代进入了光电一体化的数码摄影时代。二十世纪七八十年代至今，拍摄速度越来越快、精度越来越高的数码航摄仪陆续面世。

由于航摄仪要在特殊的飞行条件下稳定而可靠地运作，技术要求就要比普通相机高得多。在数码时代，传统的感光材料进化成了互补金属氧化物半导体、电荷耦合元件等光电转化元器件；而影像也不再靠胶片来存储，而是采用数字存储技术存储在各种类型的闪存设备、硬盘设备中，这也提升了航摄仪设备的精密度和可靠性。

随着航摄技术和装备的发展，现今的航摄仪器早已不再局限于中空飞机这一种航飞平台。在中低空领域内的飞艇、无人机、直升机等航飞平台也可以搭载各种类型的空中摄影仪器；在高空甚至太空领域中，不少卫星上也搭载了光学成像的遥感设备，进行对地信息获取和记录，这些都属于广泛意义上的"航摄仪"。航空、航天的摄影仪器，具有信息获取效率高、覆盖范围广、可见光成像接近人眼视觉习惯等特点，被广泛应用于军事侦察、测绘与地理信息、资源环境、农林水利、规划建设等多个领域。

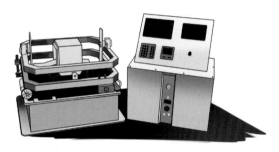

通天镜 ◎ 倾斜相机

倾斜相机好比通天教主的宝器通天镜，能清晰地照天地万物、人鬼神灵。

传统的航空航天摄影测量技术主要针对地形地物顶部进行测量，而如果需要获取地形地物侧面的纹理和三维几何结构等信息，就十分困难。垂直角度或倾角很小的航空或卫星遥感正射影像是大家最为常用的影像数据，从这些影像中可以清晰地获取地物的顶部信息特征，但却不能采集到地物侧面的纹理信息，因此不利于全方位的模型重建和场景感知。并且这些影像容易出现建筑物墙面倾斜、屋顶位移和遮挡压盖等问题，不利于后续的几何纠正和辐射纠正处理。

在此背景下，倾斜相机应运而生。倾斜相机是国际测绘领域近些年发展起来的一项高新技术产品，它颠覆了以往正射影像只能从垂直角度拍摄的局限，通过在同一飞行平台上搭载多台传感器，同时从一个垂直方向、前后左右四个倾斜方向总共五个不同的角度采集影像，将用户引入了符合人眼视觉的真实直观世界。好比通天教主的宝器通天镜，能清晰地照天地万物、人鬼神灵。

相对于传统航摄相机，倾斜相机具有很多独特的优势。一是能更加真实地反映地物的周边情况。相对于正射影像，倾斜相机能让用户从多个角度观察地物，使用户能够更加清楚地了解地物的实际情况，极大地弥补了基于正射影像应用的不足。二是可实现量测功能。通过配套软件的应用，可直接基于生成的三维模型成果进行包括高度、长度、面积、角度、坡度等数据的量测，扩展了

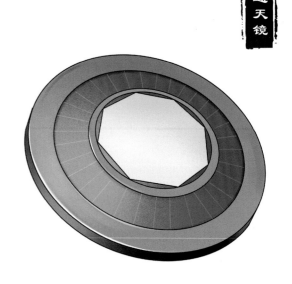

倾斜摄影技术在行业中的应用。三是可采集建筑物侧面纹理。针对各种三维数字城市应用，利用航空摄影大规模成图的特点，加上从倾斜影像批量提取及贴纹理的方式，能够有效地降低城市三维建模成本。四是易于网络发布。应用倾斜摄影技术获取的影像的数据格式可采用成熟的技术快速进行网络发布，实现共享应用。

由于倾斜相机具有如此鲜明的特点，遥感影像的应用领域又一次得到了极大的扩展。利用倾斜相机获取的倾斜影像可以快速构建大场景的三维实景模型——流畅的三维体验可以让人们足不出户就可领略全世界的美景；轻松实现单体化操作与表达，为房产、国土、城管、智慧城市等行业应用提供基础平台；模拟建筑物的修建与拆除，为规划行业反复的规划修改提供便捷的方式；高度、长度、面积、角度、坡度等数据量测的实现，可应用于水利、能源开采等管理系统；同时在三维场景中能看到房屋侧面的紧急出口，倾斜模型上任意点之间可以进行准确量算，比如计算通视距离、设计制高点和安保方案等。这些事发地周围的详细信息，在应急行动中关乎人员及财产的安全，有时甚至能起到决定性作用。

美国"9·11"恐怖袭击发生后，面对如此棘手的状况，美国军方立即启用了搭载倾斜相机的无人机，采集了五角大楼在恐怖袭击发生后最及时的影像数据。正是这些宝贵的影像数据，让军

倾斜相机

方第一时间了解并掌握了现场的真实情况，并由此迅速制订了合理的执行方案，最大限度地挽回了损失。目前，倾斜摄影测量技术在美国警方已实现了普及应用，并且大受欢迎。警方指挥人员能够利用倾斜相机全方位无死角地掌握案发地情况，从而制订出更为合理有效安全的方案，更好地保证警务人员的安全。

落宝金钱 ◎ 航空遥感飞机

落宝金钱可在天上飞，并能观测到地上的器物，再实施攻击，故与航空遥感飞机的功能相似。

号称《封神榜》十大神器之一的落宝金钱，顾名思义，就是专门用来打法宝的金钱。这个金钱长有翅膀，可在天空任意飞翔，并紧追法宝不放，直到将其打落。因其可在天上飞，并能观测到地上的器物，再实施攻击，故与航空遥感飞机的功能相似。

航空遥感又称机载遥感，是一种多功能综合性对地观测技术，由 20 世纪 50 年代初的空中侦察技术发展而来，主要以航空遥感飞机作为传感器运载工具。根据航空遥感飞机的飞行高度和应用目的，分为高空（10 到 20 千米）、中空（5 到 10 千米）、低空（5 千米以下）3 种类型的遥感作业，通常意义上的航空遥感飞机飞行高度为 2 到 6 千米，又称中空飞机。

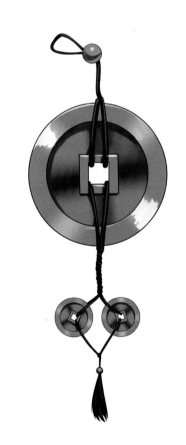

航空遥感飞机是最常用、最广泛的航空遥感平台，它是通过在机腹位置设置不同的窗口，安装航摄仪、扫描仪、辐射计、摄影机等遥感传感器，开展综合性对地观测。随着传感器技术的发展，红外、微波、雷达、高光谱等各种类型的遥感传感器均可借助航空遥感飞机来完成对地信息获取。航空遥感飞机载荷大、稳定性好、续航时间长，能安装多个仪器窗口，能提供较大的设备空间和

认清测绘江湖——从十八般武艺开始

能源供应，能满足不同性能要求的遥感需求，如激光雷达遥感的全天候飞行能力，侦察遥感的大升降、高速度飞行能力。

航空遥感飞机可完成不同方式的航空摄影，按摄影机主光轴与铅垂线的关系可分为垂直航空摄影和倾斜航空摄影，按摄影波段可分为普通黑白摄影、彩色摄影、红外摄影、多光谱摄影、机载侧视雷达、机载激光雷达，按摄影实施方式可分为单片摄影、航线摄影、区域摄影。

近年来，随着飞行平台的逐步完善和飞行技术的逐步提高，以及遥感传感器的飞速发展，航空遥感飞机已不仅仅局限于获取地面可见光影像，还能获取高光谱影像、微波影像、激光雷达数据，还呈现出高空间分辨率、高光谱分辨率、高时间分辨率、多传感器、多平台的发展趋势。因此在应用方面，航空遥感飞机已从早期单纯的军事用途扩大到现代生活的方方面面，如国土空间开发、城乡规划管理、气候变化研究、资源调查与环境监测、旅游宣传、交通管理、农作物估产、重大工程施工建设等各个领域，成为服务人类现代生活的重要高科技手段之一。例如，利用航空遥感获取不同时相的真彩色影像，可监测城乡建设用

地的布局、规模及发展趋势，监测农田、水域的保护情况，辅助城市执法管理等。利用航空遥感获取时序彩红外影像，可判断叶绿素的变化情况，监测分析森林植被的污染程度。还可将航空遥感技术应用于灾害监测与应急响应，在灾害的调查、监测、预警、响应、评估等各个阶段，其均能够及时准确地提供光学影像、微波影像等各类遥感数据，为灾害管理全过程提供数据支撑和决策依据。

混元珍珠伞 ● 遥感卫星

遥感卫星观测面积大、范围广、速度快、效果好，可以定期或连续监测一个地区，不受国界和地理条件限制，与混元珍珠伞在功能上有十分相近之处。

遥感指非接触的、远距离的探测技术。

在《封神演义》中，四大天王之一的魔礼红有一神器，它在空中较远的距离上就可以探测到地上的兵器甚至宝物，再一抖，即可将宝物收入其中。此物内外皆由明珠穿成，打开时天昏地暗、日月无光，转一转乾坤晃动。这就是"混元珍珠伞"。

虽然可实施遥感观测的遥感卫星不能吸收其他东西，但它观测面积大、范围广、速度快、效果好，可以定期或连续监测一个地区，不受国界和地理条件限制，与混元珍珠伞在功能上有十分相近之处。

遥感卫星，是用作外层空间遥感平台、对地表和大气的各种特征和现象进行遥感观测的人造卫星。遥感卫星能获取用其他手段难以获取的信息，在国民经济建设和国防建设中具有不可替代的作用。随着航天技术和传感器技术的发展，如今已初步形成了一个多层次、多角度、全方位和全天候的全球立体遥感网络——高、中、低轨道结合、大、中、小卫星协同，可以获得粗、细、精分辨率互补的遥感数据。

遥感卫星系统由卫星数据获取系统和数据反

演系统两部分组成。在卫星数据获取系统中完成的是遥感的正演过程，在数据反演系统中完成的是数据信息的反演过程。卫星数据获取系统包括载有遥感器的遥感卫星系统和用于遥感数据接收和处理的地面系统，遥感卫星系统输入的是载有景物（实体）信息的电磁波，输出的是景物包含的有关信息。将这些信息再送入遥感数据反演系统来获取有关知识，以满足卫星遥感最终用户的任务需求。

遥感卫星按卫星轨道类型分类，可分为地球同步轨道卫星和太阳同步轨道卫星。如果按

工作方式分类，则分为主动遥感和被动遥感。遥感传感器是遥感卫星的重要组成部分，包括紫外遥感传感器、可见光遥感传感器、红外遥感传感器和微波遥感传感器等。遥感传感器目前正在向多光谱、多极化、微型化和高分辨率的方向发展。

1975 年 11 月 26 日，我国首次发射返回式遥感卫星，至 1985—1986 年，我国利用返回式卫星技术，成功发射 2 颗国土资源普查卫星。40 多年来，我国遥感卫星发展迅速，完善了风云系列、资源系列、海洋系列、环境减灾卫星、立体测绘卫星等卫星系列，并实施高分辨率对地观测国家重点工程，初步形成了不同分辨率、多谱段、稳定运行的卫星对地观测体系。

遥感卫星对地观测数据是电磁辐射与目标和传输介质相互作用的产物，具有波谱、空间、时间、角度、偏振、极化等特性，可广泛应用于国土、环保、农业、林业、水利、气象、测绘、海洋、军事侦察等领域，是国家战略性基础信息资源。随着新的卫星载荷不断发射，观测技术由单一观测变为

遥感卫星

多源卫星观测，卫星遥感技术应用也由最初的气象、测绘、国土调查等单一应用逐渐变为多学科交叉应用，特别是在近年来国内外社会热点的驱动下，遥感技术已开始在灾害应急、全球变化、大气污染、粮食安全等领域发挥出越来越重要的作用。

天网 ● 全球导航卫星系统

"天网恢恢，疏而不失"。天网一开，能覆盖全球，且毫无阻拦。全球导航卫星系统堪称测绘界名副其实的"天网"。

老一辈测绘人都知道，在 20 世纪 90 年代中期以前，传统的测量方式，必须要求仪器与目标之间形成通视，而通视受环境影响较大。当第一颗卫星发射升空后，研究人员就提出，既然可以根据观测站的位置知道卫星位置，如果已知卫星位置也应该能反解出接收者的位置。由此开启了由卫星进行导航定位的研究道路。

最早出现的全球导航卫星系统是美国的全球定位系统（GPS），其于 1993 年全部建成，主要目的是为陆、海、空三大领域提供实时、全天候及全球性的导航服务，并用于情报收集、核爆监测及应急通信等一些军事目的。GPS 系统实质上是一个由 24 颗卫星组成的卫星系统，这 24 颗卫星如同 24 根支柱撑起一张大网，似"天网"一般悬于高天之上。老子曰："天网恢恢，疏而不失。"大家更为熟知的"天网"是公共安全部门的监控系统，探头分布在城市乡村重要地段，其目的是维护社会安全稳定。而 GPS 系统这个"天网"则不会放过地球上的任何一个点，所有区域都在其

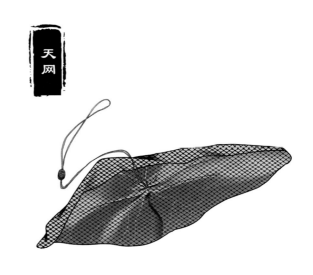

覆盖之下、视线之内，它可以保证在任意时刻、地球上任意一点都可以同时接收到 4 颗卫星的信号，以计算出该观测点的经纬度和高度，从而实现导航、定位、授时等功能。

当前，全世界被联合国卫星导航委员会认定的供应商只有美国的 GPS、俄罗斯的格洛纳斯、

中国的北斗和欧盟的伽利略这四款。中国北斗卫星导航系统是中国自行研制的全球导航卫星系统，计划由 35 颗卫星组成，包括 5 颗静止轨道卫星、27 颗中圆地球轨道卫星、3 颗倾斜同步轨道卫星。北斗卫星导航系统具备覆盖亚太地区的定位、导航、授时及短报文通信服务能力。2018 年 12 月 27 日，北斗三号基本系统完成建设，于当日开始提供全球服务。北斗卫星导航系统正式迈入全球时代。

　　全球导航卫星系统的用途越来越广泛，主要应用于交通导航、应急反应、大气物理观测、工程测绘、地壳运动监测等领域，还可以用于航空遥感姿态控制、低轨卫星定轨、导弹制导等领域。2008 年汶川地震，救援部队持北斗终端设备进入通信中断了的重灾区，利用其短报文功能成功突破通信盲点，与外界取得了联系。

全球导航卫星系统

认清测绘江湖——从十八般武艺开始

乘风破浪

方节鞭 ◎ 测深杆

方节鞭缠、抡、扫、挂、抛，善用者能胜刀剑。而测深杆也有与之相媲美的特点。

　　人们都说：水浅哗然，水深宁静。当人们想知道一处水大概多深时，这句话可能会让我们有个初步的判断。但当面临大江大海时，人们想知道水的具体深浅，这种方法就没什么价值了。所以，为了准确获取水深数据，最直接的办法就是用带有刻度的标杆插入水域，根据刻度读取水深。

　　于是就得聊一聊用最直接的办法测量水深的工具——测深杆。

　　测深杆是一种刚性标度杆，是目前测量较浅水域水深的主要工具之一。用金属或其他材料制成，带有底盘，刻有标度，可供读数。测深杆分为两种，一种是通用式及涉水用测杆，另一种则是单一测深式测杆。

　　说到测深杆，我们不难想到古代的一种短兵器——方节鞭。它由鞭身和握把组成。鞭身上有很多节方形的铁疙瘩，鞭把是圆形铁制的。使用的时候，既可以用鞭身击打，也可以用鞭尾的小

方节鞭

鞭甩击。

　　方节鞭在晋代就出现了，它是一种杀伤力巨大的兵器，不易抵御。方节鞭有七节、九节、十三节之分，携带方便，软硬兼备，使用时可长可短。其技法主要有缠、抡、扫、挂、抛及舞花等。

　　鞭有软硬之分，方节鞭虽是钢铁制成，却属软鞭。软鞭以圆运动为主，借助手臂摇动和身体转动，以此增加鞭的击打速度，改变鞭的运动方

向。软鞭分单鞭和双鞭，也可与其他器械配合。

　　正如方节鞭的形成一样，最原始最简便的水深测量工具是测深杆，把测深杆垂直插入水中触及水底，观测杆上的深度标记即可得知测点的水深。但是限于测深杆的长度，不能测量深于杆长的水深。

　　后来人们发现用一端拴有重锤的绳索测量较深水域的水深更为方便，这种工具称为测深锤，又称水砣。

　　直到 20 世纪 30 年代回声测深仪问世，传统的测深方法被取代了，声学方法应用于水深测量也标志着海洋测量技术发生了根本性的变革，20世纪 60 年代侧扫声呐系统和多波束测深系统研制成功，从此测深杆和水砣的使用大量减少，仅用于小规模的浅水域局部测量。

测深杆

认清测绘江湖——从十八般武艺开始

混天绫 ◎ 水听器

混天绫长七尺二寸，是哪吒的
八宝之一，能够自动捆绑敌人。
而水听器正如这混天绫一样，
能够察觉敌人于无形，让敌人
无法遁其身、隐其形。

混
天
绫

在《封神演义》中，混天绫最初是太乙真人的法宝，之后送给哪吒助周灭商。混天绫长七尺二寸，是哪吒的八宝之一，能够自动捆绑敌人。而水听器正如这混天绫一样，能够察觉敌人于无形，让敌人无法遁其身、隐其形。

水听器又称水下传声器，是把水下声信号转换为电信号的换能器。根据作用原理、换能原理、特性及构造等的不同，有声压、振速、无向、指向、压电、磁致伸缩、电动（动圈）等水听器之分。水听器与传声器在原理、性能上有很多相似之处，但由于传声媒介的区别，水听器必须有坚固的不透水构造，且须采用抗腐蚀材料和不透水电缆等。[1]

根据接收换能器的不同，水听器主要分为标量水听器和矢量水听器两种。在传统声场测量中，采用标量水听器（声压水听器），只能测量声场中的标量参数。矢量水听器可以测量声场中的矢量参数，有助于获得声场的矢量信息。

在连续介质中，任意点附近介质的运动状态可以用运动速度、密度及压强来表述，且声场中不同地点的物理量具有空变性和时变性。因此，描述声场的声压、质点振速和压缩量都是空间和时间的函数。由于在理想的流体中不存在切应力，所以声压是标量，质点振速为矢量，声场所蕴含

的信息既包含在矢量参数中，也包含在标量参数中。因此要获得完整的声场信息，不仅要测量声压的参数，还应测量相关矢量信息即质点振速。[2]

随着科技的发展，各种性能优良的水听器也不断涌现。光纤水听器是利用光纤技术探测水下声波的器件，它与传统的压电水听器相比，具有极高的灵敏度、足够大的动态范围、本质的抗电磁干扰能力、无阻抗匹配要求、系统"湿端"质量轻和结构的任意性等优势。因此其足以应付潜艇静噪技术不断提高带来的挑战，适应各发达国家反潜战略的需求，被视为国防技术重点开发项目之一。

未来水听器的发展还有着很大的空间。为满足岸站建设的需要，服务海岸预警声呐系统，实现远程检测、识别，低频检测能力显得日益重要。另外，随着锂电池动力潜艇下水和潜艇隐身技术

的广泛应用，反潜问题更是受到各国的普遍关注。由于安静型潜艇的本征噪声都在低频段，这就要求矢量水听器在低频段具有一定的测量能力，研制低频三维空间全向矢量检测器已成为新的技术需求。与此同时，随着目标信号的减弱，高灵敏度检测问题也变得迫切。

1.《环境科学大辞典》编委会：《环境科学大辞典》，中国环境科学出版社，1991年。
2.陈丽洁，张鹏，徐兴烨，等：《矢量水听器综述》，载于《传感器与微系统》，2006年第25卷第6期，5-8页。

夺命渔叉 ◎ 声速仪

声速仪就像夺命渔叉一样，插到水中就能测得这个地方的声速是多少。

我们都知道美国作家海明威在《老人与海》中讲述了这么个故事：一位古巴的老渔夫在出海后第85天终于钓到一条大马林鱼，在他千方百计杀死这条大鱼准备返航时，不幸又遭到鲨鱼群的围攻。但老渔夫没有放弃，他动用手头所有的武器去迎战鲨鱼群。虽然最终鱼肉被鲨鱼群吃光，仅仅运回一副鱼骨，但老渔夫坚强的意志和"硬汉子"的精神给我们留下了深刻的印象。文中老渔夫使用的所有武器中最厉害的就是渔叉。

在这里，夺命渔叉对应的是《测绘兵器谱》中的一把利器——声速仪。

夺命渔叉

认清测绘江湖——从十八般武艺开始

声速仪，顾名思义，是指测量海水中声波传播速度的仪器，又称声速计。海水声速是反映海水介质特性的极为重要的一个物理参量，声波在海洋中的传播速度随时间、地点的不同而变化，一般在每秒 1430 到 1550 米，实时精确地测量海水声速是极为重要的，声速仪就是测量海水声速的有力武器。声波在海水中的反射、折射、声线弯曲等传播现象与声速直接相关。军事上，海水声速的研究和测量可以应用于反潜、通信、导航、定位、鱼雷制导、水雷引爆等方面；民用则主要是渔业探测、海洋测绘、海洋勘察等领域。武学有云：一寸长，一寸强！声速仪就像海中的夺命渔叉，插到哪里就能测得哪里的海水声速。

声速仪

定海神针 ◎ 潮位仪

潮位仪正如这定海神针，能够
为海洋潮水信息提供刻度，让
人们有能力保一方海洋之安宁。

　　海是生命的摇篮，她既温柔又平静，孕育了
地球上千千万万的生命，也是文明的摇篮；同时
她也会风云大作，顷刻间卷起惊涛骇浪，吞噬生命。
因此人们渴望探索她，却又忌惮着她的威力。

　　潮的形成是由于海水受到月球和太阳引潮力
作用而产生的规律性上升下降运动。为掌握其变
化规律，人们开始对潮汐变化规律进行研究和观
察，其中一个重要指标是潮位，潮位用来反映某
一时刻海面相对固定基面的实时水位高度。随着
潮位探测技术的不断发展，人们发明了潮位仪，
通过准确测量海水温度、潮位、水面周期变化等
信息，确定出平均海平面与深度基准面。

　　不同的潮位仪有着不同的测量原理。

　　水尺是最原始的测量潮位工具，常固定在码
头壁、岩壁、海岸上，通常采用人工的方法读取。
其工作原理简单、机动性强、易操作、造价低、
技术含量低，适于临时验潮时使用。但其容易受
到涌浪、观测误差等多种因素干扰而影响其测量
精度。同时，由于需要长时间浸泡在海水中，水
尺上的刻度易脱落，且海洋生物附着在水尺上，

定海神针

日积月累不易清洗。国内外现在已经很少使用水尺测量了。

对于井式自记验潮测量，需要建设满足要求的验潮井，其特点是滤波性能良好，坚固耐用。但其也有着明显的缺点，如导管易阻塞、机动性差、成本高等。目前很少有国家单一地利用该技术，多是与其他新技术相结合进行潮位的测量。

随着超声波、雷达、电子信息、计算机等技术的发展，相关高新技术与海洋潮汐测量技术有机结合，超声波潮汐计、雷达式潮位仪、潮位遥报仪等先进设备应运而生，克服了人工报潮所造成的人为误差，同时在数据处理方面亦可实现计算机自动化。总体而言，这些先进设备具有效率高、滤波性能好、运行稳定、可远程遥控等优点；同时随着技术的不断进步，潮位仪的体积也越来越小，更加便于携带及安装。

潮位仪的应用很广泛，它可以利用验潮了解当地潮汐性质，并且可以根据得到的潮位资料计算当地分潮的调和常数，供相关海洋部门使用，还可用于海洋灾害预警、海洋工程监察、港口检

测等。

定海神针（又名如意金箍棒），是《西游记》中孙悟空所使用的贴身兵器。书中说该物原系大禹治水时遗下的天河定底神珍铁，为太上老君所制，放在东海，孙悟空去东海龙王处索要兵器时得到了它。而潮位仪正如这定海神针。一方面，潮位仪种类繁多，形状多样；另一方面，潮位仪能够为海洋潮水信息提供刻度，让人们有能力保一方海洋之安宁。

震天箭 ◎ 海流计

震天箭，射入九天之上；
海流计，布于五洋之中。

    人类已有数千年开发和利用海洋资源的历史，海流流速流向的测量能为我们更好地了解、研究海洋提供重要的参数。早期测定海流应用漂流物或利用船的漂移，即使采用流速计等仪器，也需停船测定，不仅耗时耗力，更被汪洋大海中标准点的难以固定所困。

    海流观测是水文观测中最重要而又最困难的观测项目，现场条件对海流观测的准确度有极大的影响。为了在恶劣的海洋条件下准确、方便地观测海流，科学家研制出了测量海流速度与方向的仪器——海流计。

    根据测量方法，海流计分为机械海流计、电磁海流计、多普勒海流计、声传播时间海流计等多种类型，不同类型的海流计工作原理也不相同。[1]

    其中较早的机械海流计是利用机械转子或机械旋桨在水流带动下旋转来测量流速。电磁海流计是将流动的水体作为一个运动的导体，通过其流过环形线圈的电流所产生的磁场切割磁力线产生电势，根据电势和流速的关系得到水流的相关数据。多普勒海流计利用多普勒效应测出多普勒频移而确定水的流速，即当波源和观察者做相对运动时，观察者接收到的频率会和波源频率不同，相对于探头随水移动的小颗粒、小气泡也会使探头发出的波频率改变，且随水中悬浮物体运动速度的增加而增加，由此测出多普勒频移。声

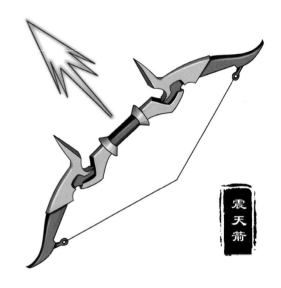

传播时间海流计是利用声波在海水中传播相同距离时，逆流声波所用时间要比顺流声波所用时间长的原理，通过测量逆流顺流两次声波的时长计算海水的流速。

    震天箭出自我国的神话小说《封神演义》第十三回——太乙真人收石矶。话说天津静海县附近有个叫陈塘关的镇子，著名的托塔天王李靖的家就在这里。一日，李靖的三儿子哪吒在和一群小朋友玩比力气，将爹爹的一个弓箭拿出来，叫其他小伙伴射，小伙伴们都试过了，谁都拉不动此弓（他们不知这弓叫乾坤弓，箭镞叫震天箭，

认清测绘江湖——从十八般武艺开始

乃是后羿射日所用的神弓）。乾坤弓、震天箭，自从轩辕黄帝大破蚩尤，一直传留，并无人拿得起来。这时候哪吒过来，展开臂膀拉弓搭箭，只见一道金光射出，一只飞箭直射前方，瞬间无影无踪。这一箭直射到骷髅山，有一石矶娘娘的门人，名曰碧云童子，携花篮采药，来至山崖之下，被这一箭正中咽喉，翻身倒地而死。

作为十大神器之一的震天箭，与乾坤弓为一对，不论其外形还是本身的意义与前文所提到的海流计都有着异曲同工之妙。海流计外形就好似一只弓箭，前端稍尖，有叶轮用于测定水流的流速，用磁盘确定流向，而尾翼的造型也类似弓箭的羽翼。海流计进入水中就如震天箭射向天空一样。如今海流计也可谓是一件神器，所包含功能之强大是过去探测器件无法匹及的，如同震天箭一般，其他箭矢与它比起来更是不值一提。

随着海流计技术的发展，现今的海流计功能更加多样化。除了可以精确测量海水的流速、流向，还能测量海水中的温度、声速、深度、压力、电导率、盐度和密度等。由于海流计具有以上特点，所以其广泛应用于海洋科学调查研究、科学实验、军事活动，以及建筑施工、渔业、养殖业、

海流计

港口建设、油气矿产开发、水下机器人作业、海洋运输等领域。[2]

掌握海水流动的规律可以直接为国防、海运交通、渔业、建港等服务。另外，了解海水的运动规律，对海洋科学其他领域的研究也有帮助，如水团的形成、海水内部及海水空气界面之间热量的交换等均与海流研究有关。

震天箭，射入九天之上；海流计，布于五洋之中。

1.《中国大百科全书》总编委会：《中国大百科全书》，中国大百科全书出版社，1993年。
2. 瞿锡亮：《声传播时间海流计的技术研究》，哈尔滨工程大学，2008年。

天魔琴 ◉ 侧扫声呐

天魔琴一旦被拨动，声波瞬息而至，毙敌于无影无形；在侧扫声呐之下，任何地形都逃不出它的探测，任何物体都无所隐形。

侧扫声呐是由 side-scan sonar 一词意译而来，也叫旁扫声呐、旁视声呐。国外从 20 世纪 50 年代起开始应用，到 20 世纪 70 年代已在海洋开发等领域广泛地使用，我国从 20 世纪 70 年代开始组织研制侧扫声呐，经历了单侧悬挂式、双侧单频拖曳式、双侧双频拖曳式等发展过程。由中科院声学所研制并定型生产的 CS-1 型侧扫声呐，其主要性能指标已达到了世界先进水平。

侧扫声呐有许多种类型。根据发射频率的不同，可以分为高频、中频和低频侧扫声呐；根据发射信号形式的不同，可以分为 CW 脉冲和调频脉冲侧扫声呐；另外，还可以划分为舷挂式和拖曳式侧扫声呐，单频和双频侧扫声呐，单波束和多波束侧扫声呐等。

侧扫声呐基本系统的组成一般包括工作站、绞车、拖鱼、热敏记录器或打印机、卫星导航定位信号接收机及其他外部设备等。

在工作过程中，侧扫声呐波束平面垂直于航行方向，沿航线方向束宽很窄，开角一般很小，以保证有较高分辨率；垂直于航线方向的束宽较宽，开角较大，以保证一定的扫描宽度。工作时发射出的声波投射在海底的区域呈长条形，换能器阵接收来自海底各点的反向散射信号，经放大、处

理和记录，在记录条纸上显示出海底的图像。回波信号较强的目标图像较黑，声波照射不到的影区图像色调很淡，根据影区的长度可以估算目标的高度。

当换能器发射一个声脉冲时，可在换能器左右侧照射一窄梯形海底区域。当声脉冲发出之后，声波以球面波方式向远方传播，碰到海底后反射波沿原路线返回到换能器，距离近的回波先到达换能器，距离远的回波后到达换能器。一般情况下，正下方海底的回波先返回，倾斜方向的回波后到

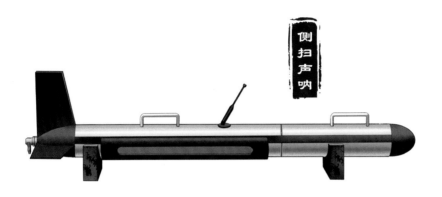

达，这样在发出一个很窄的脉冲之后，收到的回波是一个时间很长的脉冲串。硬的、粗糙的、凸起的海底回波强，软的、平坦的、下凹的海底回波弱，被凸起海底遮挡部分的海底没有回波，这一部分叫声影区，这样回波脉冲串各处的幅度就大小不一，回波幅度的高低就包含了海底起伏软硬的信息。一次发射可获得换能器两侧一窄条海底的信息，设备显示成一条线。工作船向前航行，设备按一定时间间隔进行发射—接收操作，设备将每次接收到的数据显示出来，就得到了二维海底地形地貌的声图。声图以不同颜色（伪彩色）或不同的黑白程度表示海底的特征，操作人员因此可以知道海底的地形地貌。

侧扫声呐的主要性能指标包括工作频率、最大作用距离、波束开角、脉冲宽度及分辨率等，这些指标都不是独立的，它们之间相互都有联系。侧扫声呐的工作频率基本上决定了最大作用距离，在相同的工作频率情况下，最大作用距离越远，其一次扫测覆盖的范围就越大，扫测的效率就越高。脉冲宽度直接影响了分辨率，一般来说，宽度越小，其距离分辨率就越高。水平波束开角直接影响水平分辨率，垂直波束开角影响侧扫声呐

的覆盖宽度，开角越大，覆盖范围就越大，在声呐正下方的盲区就越小。

侧扫声呐有三个突出特点，一是分辨率高，二是能得到连续的二维海底图像，三是价格较低，所以侧扫声呐出现后很快在军事和民用领域都得到了广泛应用。其可进行海洋测绘和海洋地质调查，也可用于寻找水下沉船和探测水雷，现在已成为水下探测的主要设备之一。

说到声波，在武侠世界里也有一件以声波为攻击手段的武器，它就是天魔琴。

根据倪匡所著《六指琴魔》第十九章所言，天魔琴原名八龙琴，乃以八条龙筋为弦，最细的一根有如发丝，最粗的一根粗若小指，琴身为海底万年阴木，以此琴弹奏八龙天音，听到的人如痴如醉，无论有多深的内功修为也得由抚琴人摆弄。所以在《六指琴魔》中，当天魔琴重现江湖时，六大门派闻讯震惊，欲联手消灭天魔琴。因为天魔琴作为群攻最厉害、最可怕的一件武器，它一旦被拨动，声波瞬息而至，毙敌于无影无形，且躲无可躲，避无可避。就像在侧扫声呐之下，任何地形都逃不出它的探测，任何物体都无所隐形。

天魔琴，就是侧扫声呐，一切皆在眼前。

碧玉琵琶 ◎ 水下声学定位系统

碧玉琵琶靠声波进行攻击，琵琶动，声至，人绝，与水下声学定位系统相同，声波所到之处，万物皆伏，无可躲逃。

在水下如何实现精确定位？

由于光波和电磁波在水下都无法进行远距离传播，因此水下定位主要依靠声波。

水下目标发射声信号，信号经过水下传播，被水听器或水听器阵列接收并转换为电信号，水声定位系统处理电信号，解算得到水下目标方位距离信息，完成对其定位。

当前大部分海洋工程，如海洋油气开发、深海矿藏资源调查、海底光缆管线路由调查与维护等，都需应用声学定位系统对水下拖体进行导航定位，如水下遥控机器人、水下无人机器人、水下自动机器人、声呐设备的水下拖鱼等。

水下声学定位系统分为超短基线、短基线、长基线，是根据声基线的距离或激发的声学单元距离进行的分类。

超短基线的所有声单元（3 个以上）集中安装在一个收发器中，声单元之间的相互位置精确测定，组成声基阵坐标系，声基阵坐标系与船的坐标系之间的关系要在安装时精确测定。系统通过测定声单元的相位差来确定换能器到目标的方位；换能器与目标的距离通过测定声波传播的时间来确定。系统的工作方式是距离和角度测量。

短基线定位系统由 3 个以上换能器组成，换能器的阵形为三角形或四边形，换能器之间的距离一般超过 10 米，换能器之间的相互关系精确测定、组成声基阵坐标系。短基线系统的测量方式是由一个换能器发射，所有换能器接收，计算得到目标的大地坐标，其工作方式是距离测量。

短基线的优点是低价、操作简便、精度高、换能器体积小、安装简单。短基线的缺点是深水测量要达到高的精度，基线长度一般需要大于 40 米，系统安装时，换能器需在船坞严格校准。

长基线系统包含两部分：一部分是安装在船只上的收发器或水下机器人，另一个部分是一系列已知位置的固定在海底上的应答器，数量为三个以上。应答器之间的距离构成基线，长度在上百米到几千米之间的称为长基线系统。长基线系统通过测量收发器与应答器之间的距离，采用测量中的前方或后方交会对目标定位，其工作方式是距离测量。

长基线系统的优点：较高的定位精度；对于大面积的调查区域，可以得到非常高的相对定位精度；换能器非常小，易于安装。长基线的缺点：系统复杂，操作烦琐；费用昂贵；需要长时间布设和收回海底声基阵；需要对海底声基阵详细校准测量。[1]

国内已有成熟的声学定位技术，但不能满足长距离的定位需要。哈尔滨工程大学已研制出三种超短基线定位系统——深水重潜装潜水员超短基线定位系统、"探索者"号水下机器人超短基线定位系统、灭雷具配套水声跟踪定位装置。前两种都是简易的系统，仅用于近程的特殊使用场合，最后一种产品的显著优点是浅海定位性能优良，即使对于水平方向（目标俯仰角为 0°）的目标，定位精度仍优于 3% 斜距，浅海作用距离达到 3 千米，可实时给出 3 个目标的轨迹。但这些系统由于种种原因，没有推向市场。

中科院声学所、厦门大学、国家海洋局海洋技术研究所等单位在声学定位技术领域都进行过广泛研究。

国外对水下声学定位系统研究较早的是挪威的 Kongs-bergSimrad 公司，其研究开发有近30 年的历史，有一系列成熟的产品投入军方及民用领域。

水下声学定位技术是国民经济建设和国防建设的基本技术，具有广泛的用途，主要包括：

海洋工程——海洋油气开发、海底光缆管线铺设及维护等工程，提供水下导航定位技术支持。

大洋调查——利用深拖设备如水下遥控机器人、水下无人机器人、水下自动机器人等进行深海矿产资源的探测和开发。

国防建设——潜艇、水面舰只的调遣、作战航行离不开导航定位，特别对潜艇来说，仅仅依靠无线电、全球导航卫星系统、惯性导航是不够的，而使用水下声学定位系统导航，再配合电子海图，

则可以大大提高潜艇的作战能力。

其他方面——海洋灾害性地质研究、水下考古探测等，需要水下声学定位系统为其提供准确的空间位置。

碧玉琵琶是小说《封神演义》魔家四将之一魔礼海的法宝，上装有四根弦，对应"地、水、火、风"。拨动弦声，风火齐至，如"青云剑"一般。《封神演义》中描述到"弹动琵琶人已绝"，可见这碧玉琵琶的威力。

碧玉琵琶靠声波进行攻击，琵琶动，声至，人绝，与水下声学定位系统相同，声波所到之处，万物皆伏，无可躲逃。任你在何处，只要被声波扫到，天地之大，你也无处可躲。碧玉琵琶与水下声学定位系统一样，依靠着无往而不利的声波，使故人无所遁形。

水下声学定位系统就如碧玉琵琶，测量神器，准确无比。

认清测绘江湖——从十八般武艺开始

---

1. 吴永亭，周兴华，杨龙，等：《水下声学定位系统及其应用》，载于《海洋测绘》,2013 年第 23 卷第 4 期，18-21 页。

碧海潮生曲 ◎ 多波束测深仪

同属"音波功"的碧海潮生曲和多波束测深仪，都将功力蕴藏于"声"中，非同一般。

人类最早开始测量江、湖的深度时，使用的是不同长度的竿，后来又发展为一端栓有重锤的绳索（即现在船上仍在使用的水砣）。15世纪中期，发明了一种测深仪器，在中空的球上用钩挂一重锤，当球着底时，重锤脱落，空球便上浮至海面，测量球体上浮的时间，就可以算出海的深度。

后来，科学家们发明了各种各样的测深方法，于1911年第一次进行了回声测深试验。1930年以后，世界范围内开始广泛使用利用石英晶体压电振荡的超声波测深仪。多波束测深系统就是在超声波测深仪的基础上发展起来的。

多波束测深仪的功力蕴藏于"声"中，在武侠小说里当属"音波功"。每发射一个声脉冲，多波束测深仪就可以获得船下方水域的垂直深度。

它的工作原理就是以"扇面"形式向水底发射数十、数百束声波，并接收从海底反射回来的回声波，然后处理回声信号，再绘制成水深图或地形图。多波束测深仪测深范围最大可达12000米，横向覆盖宽度可达深度的3倍以上。精度可达水深的0.3%～0.5%。一般采用姿态传感器和声速校正系统保证测量精度。

碧海潮生曲

武侠小说中赫赫有名的"音波功"莫过于桃花岛岛主、东邪黄药师的碧海潮生曲。

碧海潮生曲为黄药师的"代表作"。小说中黄药师一出场，特别是高手聚集比武时，他都用箫来演奏此曲。表面听上去，箫声像海浪的声音，时而浩渺无波，时而潮水缓缓，后又洪涛汹涌，终了潮退如镜，但海底又暗流涌动，形象地模拟出大海的变幻无常。

但实际上，碧海潮生曲属内功范畴，功力藏于音波中，靠内力攻击。听到此曲的人，轻则受伤，重则丧命。小说中，欧阳锋曾被此曲重伤，李莫愁也曾听此曲夺门而逃。可见黄药师的内力非同一般。碧海潮生曲的威力不可小觑。

与单波束回声测深仪相比，多波束测深仪的功力远在其上。因为单波束测深仪每次测量只能获得船垂直下方一个点的海底深度值，而多波束测深仪每一次测量都能获得与航线垂直的面内上百个甚至更多测量点的海底深度值，而且能立体测深和自动成图，测量精度更高，特别适合进行大面积的海底地形探测。

不过，这也归功于多波束测深仪庞大的系统、复杂的结构和较高的技术含量。多波束测深仪集合的技术包括现代信号处理技术、高性能计算机技术、高分辨显示技术、高精度导航定位技术、数字化传感器技术及其他相关高新技术等。世界上主要有美国、加拿大、德国、挪威等国家生产多波束测深仪。2006 年，哈尔滨工程大学成功研制了我国首台便携式高分辨浅水多波束测深仪。

金瓜霹雳锤 ◎ 海洋重力仪

海洋重力仪一出，平定地水火
风之威，如同金瓜霹雳锤一出，
平定战火之乱。

因为锤"重"，能与重力仪相匹配的只有锤类的兵器了。

金瓜霹雳锤，又称擂鼓瓮金锤。一说有320斤重，另一说有800斤重。外漆金水，提起战锤万箭可当。传闻天下只二人能舞动此锤，一个是东汉末年骠骑将军马超的先祖伏波将军马援，另一个是隋末唐初的李元霸。金瓜霹雳锤在其他评书作品和民间传说、演义中也时有出现，一般都是强悍的一级武将的兵器，常见于战乱时期。

海洋重力测量主要是查明地球质量中的那些异常质量的分布状况，而异常质量仅相当于地球质量的极小部分，产生的重力异常仅占全部重力的百万分之几。[1]

海洋重力测量是海洋地球物理测量方法之一。船上重力仪是海洋重力测量的主要设备，是在船只行进中连续测定重力加速度相对变化的仪器。重力测量以牛顿万有引力定律为理论基础，以组成地壳和上地幔各种岩层的密度差异所引起的重力变化为前提，通过各种海洋重力仪测定地球水域的重力场数值，给出重力异常分布特征和变化规律。

我国沿海大陆架上蕴藏着丰富的石油、天然气和矿物资源，在我国海域利用地震、地磁、重力等海洋地球物理测量方法开展综合观测，探明我国海域地质构造环境，从而全面、系统地认识海洋环境变化和资源富集规律，对开发沿海自然资源、发展海洋经济具有重要的意义。在军事上，海面重力资料可用于修正潜艇惯性导航的误差，消除海洋重力异常对低轨卫星、弹道导弹飞行轨道的影响。[2]

"海上重力测量远比陆地测量复杂。调查船在风、海洋、浪涌和潮汐的作用下，随着海洋表面水体作用周期性或非周期性地运动。由于船只的这种运动所发生的纵倾和横摇，以及航速和航向的偏差，都对船上重力仪附加以相当强的水平干扰加速度，使得海上重力测量从原理、仪器直至观测方法都表现出一定的特殊性。"[3] 如船向东航行时，船只增大了作用在重力仪上的地球自转向心加速度，而向西航行时，船速减少这种向心加速度，这种导致重力视变化的作用称厄特沃什（厄缶）效应。这个效应的大小与航向、航速和船只所处的地理纬度有关，克服和消除上述各项干扰效应始终是提高观测精度的关键。

上述干扰因素对重力测量造成了相当大的影响，一般的陆地重力仪无法完成测量任务，因而专用于海洋测量的重力仪逐渐发展起来。

海洋重力仪种类很多，结构原理与陆地重力仪大体相同。整套仪器包括重力仪主体（弹性系统、恒温装置、阻尼装置、指示系统等）、模拟的或数字的记录器、控制器、常平架或陀螺稳定平台、电源几大部分。

海洋重力测量起始于20世纪20年代，至今只有 90 多年的历史。在这段时间里，海洋重力仪的发展经历了三个阶段。

海洋重力仪的第一阶段是海洋摆仪。1903 年，德国地球物理学家黑克尔最早在海船上用气压计进行重力测量，但未能获得有效的结果。1923 年，荷兰大地测量和地球物理学家费宁·梅因纳斯首次成功地在潜水艇上使用摆仪进行了海洋重力观测。1937 年，布朗对其进行改进，消除了二阶水平加速度和垂直加速度的影响，测量精度提高了 5 到 15 毫伽。摆仪重力测量一直延用到 20 世纪 50 年代末期，但是存在操作复杂、测量效率低、费用高等弊病，后来逐渐被走航式海洋重力仪所取代。

海洋重力仪发展的第二阶段是摆杆型重力仪。它促成了重力测量由水下的、离散点测量到水面的、连续线测量的转变。代表性仪器为德国格拉夫阿斯卡尼亚公司生产的 GSS-2 型重力仪和美国拉科斯特·隆贝格公司生产的 L&R 型重力仪，同时我国也研制出 ZYZY 型摆杆型海洋重力仪。但是该类海洋重力仪存在交叉耦合效应，即水平干扰加速度和垂直干扰加速度相互影响，又称为 CC 效应，引起的误差可达 5~40 毫伽，因此在摆杆型重力仪中，通常带有附加装置用于测量出作用在重力传感器上扰动误差的垂直分量和水平分量，并由专门的计算机计算出 CC 改动值。因此，交叉耦合效应影响的轴对称型海洋重力仪应运而生。

轴对称海洋重力仪被称为第三代海洋重力仪，它不受水平加速度的影响，也从根本上消除了交叉耦合效应误差，能在较恶劣的海况下工作，其精度、分辨率及可靠性优势明显，是海洋重力仪的一大进步。代表型仪器为德国波登斯威克公司生产的 KSS-30 型海洋重力仪和美国贝尔公司生产的 BellBGM-3 型海洋重力仪。

20 世纪 80 年代，中国科学院测量与地球物理研究所研制成功了 CHZ 型海洋重力仪。CHZ 型海洋重力仪是一种轴对称式海洋重力仪，其传感器结构类似于 KSS-30 型海洋重力传感器 GSS-30。

CHZ 型海洋重力仪是由质量弹簧系统、电容测微器、电磁反馈系统、硅油阻尼、双层恒温和恒温补偿、数字滤波及可编程数据采集系统等部分构成。质量弹簧系统由一根垂直安装的"零长"主弹簧、六根拉丝和两根绷簧以及一个管状检测质量组成。在重力传感器中重力值的微小变化体现为检测质量的微小位移。电容测微器检测出检测质量的位移变化，并由电磁反馈系统的电磁力补偿，使检测质量恢复到零点。此时在积分线圈上的电流即为重力变化的测量值。[4]

海洋重力仪虽然本身不如金瓜霹雳锤重，但它能精细地检测出所有细小的重力异常，精细的结果能够更好地服务于各类深海科研实验。因而海洋重力仪一出，平定地水火风之威，如同金瓜霹雳锤一出，平定战火之乱。

1.《中国大百科全书：第 2 版》总编委会：《中国大百科全书：第 2 版》，《中国大百科全书》出版社，2009 年。
2. 吴章：《CHZ 海洋重力仪稳定平台的实验研究》，华中科技大学，2009 年。
3.《海洋重力测量的几个特殊问题》，参见 "http://www.doc88.com/p-002257178561.html"。
4. 赵池航：《高精度海洋重力仪误差分析及数据处理方法研究》，东南大学，2004 年。

秦淮古镜 ◉ 浮潜标系统

浮潜标系统也是海洋的传感器，可以远程看到海洋的"筋骨脏腑"，也就是海水内部的详细信息。

《太平广记》有记载："唐李德裕，长庆中，廉问浙右。会有渔人于秦淮垂机网下深处，忽觉力重，异于常时。及敛就水次，卒不获一鳞，但得古铜镜可尺余，光浮于波际。渔人取视之，历历尽见五脏六腑，血萦脉动，竦骇气魄。因腕战而坠。渔人偶话于旁舍，遂闻之于德裕。尽周岁，万计穷索水底，终不复得。"此古铜镜就是秦淮古镜。

随着人们对海洋资源开发利用的深入和人们对海洋环境的检测预警，为防灾减灾提供准确可靠的数据支持的要求越来越高。针对特定区域开展长期、连续、同步、自动的海洋、水文、气象等要素的全面综合监测显得特别重要。为了定点对不同深度的不同指标同时进行监测，诞生了由锚灯、标志标、潜标、温盐链、流速仪、海流计、温盐深仪、水质检测仪、释放器、重力锚、锚链和锚等仪器设备组成的浮潜标系统。该系统由20世纪50年代的美国人提出，由于隐蔽性好，能够在无人值守的情况下长期稳定有效地对海洋进行探测与研究。

海洋浮标站包括海上测报与岸上接收两大部分。

海上测报浮潜标系统由标体、电源、遥测遥控系统、采集传感器、数据记录装置及系留设备等组成。电源通常采用柴油发电机、燃料电池或其他电池，在低纬度海域还可采用太阳能电池供电。浮标体承载海上仪器设备，遥测遥控通信系

秦淮古镜

统由信号发射机、信号接收机和天线组成，采集传感器组负责获取各种参数，数据记录装置按计划采集各传感器观测信号。

浮标站岸上接收部分由发射机、接收机、天线、时序控制器、解调译码器、计算机、电传打字机和数字磁带机等构成。能自动接收来自海上浮标发送的资料，打印数据并记录。浮潜标系统作为一种具有隐蔽性能好、观测周期长、稳定性能高、受海面气象水文条件影响小的新型海洋环境检测设备和海洋调查的载体，能进行定点多参数剖面观测，是海洋水体环境监测系统的主要仪器设备，也是海洋地质活动观测的重要组成部分。[1]随着人类对海洋认识需求的不断提高、潜标系统的不断发展，用于测试深度的海洋水文资料潜标、海流温度盐度潜标及用于军事探测的军用潜标等检测和探测设备越来越多地被应用到潜标系统之中。如今，加配专用传感器的潜标系统，为加强监测预警和防灾减灾提供着更加可靠的资料，对于人类检测海洋环境资料，巩固国防等都发挥着越来越重要的作用。潜标已经成为海洋水文检测及水下探测设备的一种非常重要的载体，可以实现长期、连续、自动地对全海岸进行无人值守的海洋

水文及气象诸要素综合测试。

其实浮潜标系统也是海洋的传感器，可以远程看到海洋的"筋骨脏腑"，也就是海水内部的详细信息。随着浮潜标系统的广泛应用，我们能够更好地了解海洋内部情况，更好地服务我们的生活。

1. 田伟辉：《海流作用下潜标及其系留系统耦合作用的实验研究》，中国海洋大学，2012年。

九天十地辟魔神梭 ◎ 海洋测量船

九天十地辟魔神梭上天入地，无不如意，万邪不侵；海洋测量船能完成全要素测量任务，不惧怕各种危险恶劣的环境。

在还珠楼主所著的《蜀山剑侠传》中，有这么一种法器：它以海底千年精铁用北极万载寒冰磨制而成，不用一点纯阳之气，形如织布梭，上天入地，无不如意，且万邪不侵！它就是九天十地辟魔神梭。在海洋测量中，到外海探测各种数据，会面临各种恶劣艰苦的环境，因此也急需这种法器保驾护航！

海洋测量船是一种能够完成海洋环境要素探测、海洋各学科调查和特定海洋参数测量的船只。凡是能够完成海洋空间环境测量任务的舰船，均可称为海洋测量船。

早期的海洋测量船仅仅完成单一的海洋水深测量，主要用于保障航道安全。随着社会的进步和科学技术的发展，海洋测量从单一的水深测量拓展到海底地形、海底地貌、海洋气象、海洋水文、地球物理特性、航天遥感和极地参数测量。现代海洋调查船综合作业能力很强，不同学科、不同专业领域的任务互相交叉并存，在完成主要使命任务的平台上，同时也具备相当的通用海洋参数测量能力。[1]

现代海洋测量船有坚固的船体，较高的适航性、稳定性、耐波性和变速航行操纵性，具备全球海域的续航力与自给力。多数采用柴油机动力装置，特殊测量船配置电力推进系统。为了保证测量效果，多数测量船都装有自动舵、侧推装置、可调

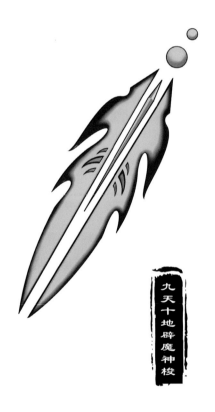

距螺旋桨和减摇鳍，动力部分实施浮筏和减振降噪工程。测量船都装备有先进的全球导航卫星系统，有足够面积的实验室。测量船的核心机构是综合测量系统，由各种先进的测量设备、控制系统和处理系统组成。[2] 视任务需要测量船上还可搭载直升机、深潜器、探空器、专用测量艇、测量浮标，完成全要素测量任务，真正能像九天十地辟魔神梭一样，不惧怕各种危险恶劣的环境。

海洋测量船在海道测量、海洋调查、科学考察、地质勘察、航天测量、海洋监视、极地考察等方面得到广泛应用。按照任务划分，主要包括海道测量船、海洋调查船、海洋监视船、科学考察船、地质勘查船、航天测量船、极地考察船等。[2]

九天十地辟魔神梭在原著中共 91 根，任凭使用人的驱使，上天入地，无不如意。随着科技的逐渐发展，还会有各种新式的多功能的海洋测量船建造出来，真正会展现出如九天十地辟魔神梭这法宝般的异彩！

海洋测量船

1.《详解海上"情报吸尘器"——海洋测量船 | 现今各国大型海洋测量平台面面观》，参见"http://www.sohu.com/a/210845639_726570"。

2.《世界各国海洋测量船纵览》，参见"http://3y.uu456.com/bp_6k5rk4l1p123x6i11q4j_1.html"。

凤皇 ◉ 无人测量船

凤皇是解救人间危难之神兵。无人测量船的出现也犹如神兵天降，为之前载人船无法到达特殊目标区域的问题提供了解决方法，堪称水中测绘的"神器"。

凤皇乃漫画《神兵玄奇》中十二天神兵之一，而此神兵原主则是大禹。相传大禹治水，努力了近百载，无奈江凶河恶，进展缓慢。某年洪峰高愈千丈，势必覆盖万里淹没苍生，大禹叩天痛哭，哭出血泪，终于感动苍天。一只凤凰从天而降，洒下九片羽毛化成银甲。大禹于是将其并成巨斧，一劈之力竟然裂地千里，通河入海化解巨劫。故相传凤皇是解救人间危难之神兵。同样，无人测量船的出现也犹如神兵天降，为之前载人船无法到达的特殊区域的问题提供了解决方法，堪称水中测绘的"神器"。

凤皇，由九块银甲组成。九甲完全的凤皇可召唤能起死回生的神鸟凤凰，另可以张开成双面战斧，为启动大禹龙舟的钥匙，并能发挥其操纵液体的异能。无人测量船也有着异曲同工之妙，可以在载人船无法到达的区域进行工作、测绘，帮助我们了解未知水域。

无人测量船是一种多用途的测量平台，可搭载多种测量传感器用于相关测量任务，且运输简单、携带方便。无人测量的方式在内河及海洋将

凤皇

成为测绘行业的重要技术手段，实时、无人、自动测量、自主定位、自主导航是现代内河及海洋测量的一种趋势。

随着我国海洋战略的深入以及水资源保护意识的加强，水下地形测量的工作将大规模展开，无人测量船是一种理想的工具，它是目前常规测量的有效补充，特别是能解决大型常规测量船对近海岸、岛礁、港口、船坞以及内陆航道、水库、湖泊、河流等水体无法实施有效测量等所带来的问题。

无人测量船不仅仅是一艘船那么简单，它其实是一套无人船水域测量系统。该系统是以河川、湖泊、水库、海岸、港湾等水域为对象，以无人船为载体，集成全球导航卫星系统、陀螺仪、声呐系统、声学多普勒流速剖面仪、数码相机、水下摄影机等多种高精度传感器设备。利用导航、通信和自动控制等软件和设备，在岸基实时接收、处理和分析无人船系统所采集的数据，并以自控和遥控方式对无人船和其他传感器进行操作和控制。本系统可以填补水域测量、调查领域载人船无法到达或不易到达的危险区域，或如浅滩、近

无人测量船

岸等空白区域，真正做到高精度、智能化、高效益的工作模式。

凤皇作为十大神兵之一，而无人测量船也渐渐成熟，进一步向军工方向深化。在未来的发展中，相信无人船也会成为一件"神器"。

凤皇，就是我们的无人测量船。

出神入化

状元笔 ◎ 绘图仪

在测绘装备大家庭中，确有一种可以"写字"的神器，它不仅能写字，还可以画图，它就是绘图仪。

状元笔也称判官笔、魁星笔、判官笔，器形似笔，笔头尖细，笔把粗圆，也有两端均为笔头的，笔身中间有一圆环，笔长20~30厘米，前端稍重于后端，多以硬木或金属制成。这种兵器因过于短小，只适用于贴身近搏，对习练者要求非常高。武当七侠中张翠山的兵器就是一柄镔铁状元笔，令对手闻风丧胆。他曾使状元笔在石壁上刻出"武林至尊　宝刀屠龙　号令天下　莫敢不从　倚天不出　谁与争锋"24个大字，令武功盖世的金毛狮王谢逊也不得不甘拜下风。

严格来说，状元笔只是外形似笔，并不能真正写字，能在石上刻字的张翠山毕竟是小说人物。但是，在测绘装备大家庭中，确有一种可以"写字"的神器，它不仅能写字，而且还可以画图，它就是绘图仪。

绘图仪是一种可以按照规定要求自动绘制图形的设备，由驱动电机、插补器、控制电路、绘图台、

笔架、机械传动等部分组成。绘图仪的性能指标
包括了绘图笔数、图纸尺寸、分辨率、接口形式
及绘图语言等。

　　绘图仪分为笔式绘图仪和喷墨绘图仪。笔式
绘图仪又分为滚筒式和平台式两大类。滚筒式绘
图仪是将图纸固定在滚筒上，绘图笔架固定在与
滚筒旋转轴平行的导轨上，笔与纸面垂直，由两
个电机分别带动滚筒和笔架运动。平台式绘图仪
的图纸是固定在台面上的，依靠笔架运动，具有
幅面大、精度高和可使用多种绘图介质的优点，
适用于制图精度要求较高的图形绘制。喷墨绘图
仪的绘图速度则更胜一筹。

　　从应用角度看，绘图仪可用来绘制各种地图
（如地形图、大地测量图）、管理图表、统计图、
建筑设计图、电路布线图、机械图等。

绘图仪

乾坤袋 ◎ 数字测图系统

乾坤袋能将天地收纳于其内，且取之不竭、用之不尽。数字测图系统囊括数种软硬件，又有着强大的输出功能。

　　乾坤袋，又称"如意乾坤袋""黄金袋"，是《封神演义》中接引道人、准提道人的法宝之一，专做储物之用，拥有不可思议的力量。其内部有着奇异的空间，空间之大似能将天地收纳于其内。袋中另有乾坤，称"袋中天"。这只乾坤袋不仅看着大，也很神奇，里边装满了人世间的一切好东西，金银财宝、五谷六畜、山珍海味、绫罗绸缎等应有尽有，而且取之不竭、用之不尽。

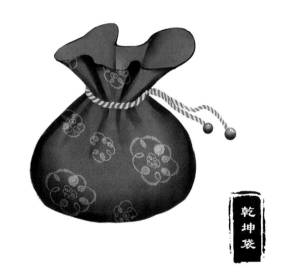

乾坤袋

　　数字测图系统是以计算机及其软件为核心，在外接输入输出设备的支持下，对地形空间数据进行采集、输入、成图、绘图、输出、管理的测绘系统。数字测图系统之所以号称"乾坤袋"，一方面是说它由扫描仪、数字化仪、解析测图仪、打印机等硬件和数据采集、数据传输、数据处理、图形编辑等软件组成，另一方面是说它的编辑、输出功能很强大，可以对地图内容进行任意组合、拼接，可以与航天航空影像结合，可以利用数字地图记录的属性信息等派生出电子地图、数字地面模型等新的地图产品，也可以对数字地图进行任意比例尺、任意范围的输出。

　　数字测图系统主要由数据输入、数据处理和

数据输出三部分构成。数据输入是数字测图的基础，它通过全站仪、全球导航卫星系统接收机等数据采集器测定地形地物特征点的平面位置和高程，并将这些点位的信息传输到计算机中。数据处理是数字测图过程的中心环节，通过计算机软件来完成的。其主要包括地图符号库、地物要素绘制、等高线绘制、文字注记、图形编辑、图形显示、图形裁剪、图幅接边和地图整饰等功能。数据输出是数字测图的最后阶段，可在计算机控制下通过数控绘图仪绘制完整的地形图，可根据需要绘制规格和形式不同的图件。

　　根据数据来源和采集方法的不同，数字测图系统主要分为野外数字测图系统、基于纸质地形图的数字化测图系统和基于影像的数字测图系统。

　　目前，我国的野外数字测图技术已日趋成熟，逐步取代了传统的图解法测图，其发展过程大体上可分为两个阶段。第一阶段是数字测图发展的初级阶段，主要利用全站仪采集数据，同时人工绘制草图，在室内将测量数据传输到计算机，再由人工依据草图编辑图形文件，经人机交互编辑修改，最终生成数字地形图。第二阶段是数字测图发展的中级阶段，这一阶段数字测图技术有两个共同特点，一是开发了智能化的外业数据采集软件，二是计算机成图软件能直接对接收的地形信息数据进行处理。

　　目前，利用全站仪、全球导航卫星系统接收机等配合便携式计算机或掌上电脑进行一体化采集，或直接利用全站仪内存进行采集，配以全站仪编码进行大比例尺地面数字测图的方法已得到广泛应用，生产效率得到大幅度的提升。近年，不用全站仪而直接将全球导航卫星系统接收机与绘图系统结合进行大比例尺测图的越来越多，我们暂时把它称为野外数字测图系统发展的高级阶段。可以预料到，随着地基增强系统和似大地水准面精化的逐渐普及，以及实时动态测量技术的不断完善和更轻便、价格更实惠的全球导航卫星系统接收机的出现，该技术将成为地面数字测图的主要方法。

照妖鉴 ◎ 地下管线系统

照妖鉴的作用就是在镜子中照出妖怪的原形，然后根据它的原形推断出它的弱点，用克制它的方法打败它。地下管线系统也一样，在系统中，平时隐藏在地面下错综复杂的管线——现出原形，管线管理和抢险维修工作效率倍增。

长篇小说《封神演义》中，姜子牙大军被梅山七怪袁洪、常昊等人阻住去路，杨戬向姜子牙献计道："弟子今往终南山，借了照妖鉴来，照定他的原身，方可擒此妖魅也。"后杨戬从终南山云中子处借来照妖鉴，在与常昊大战中，用照妖鉴照出常昊乃是一条大白蛇。杨戬遂变成一条大蜈蚣，身生两翅，钳如利刃，飞在白蛇头上，将其一剪两断。

可见，照妖鉴的作用就是在镜子中照出妖怪的原形，然后根据它的原形推断出它的弱点，用克制它的方法打败它。地下管线系统也一样，在系统中，平时隐藏在地面下错综复杂的管线——现出原形，管线管理和抢险维修工作效率倍增。

现代社会中，城市范围内广泛分布着各类地下管线，包括供水、排水、燃气、热力、电力、通信、广播电视、工业等管线及其附属设施等。地下管线是保障城市运行的重要基础设施和"生命线"是城市能源流、信息流的通道。近年来，"重主体轻配套、重地上轻地下、重建设轻管理、重使用轻维护"等城市建设问题导致地下管线事故逐年增多。地下管线系统如同一枚照妖鉴，大大提高了地下管线的管理和维护效率。

地下管线系统经历了以下几个阶段：（1）应用数据库管理系统，对综合地下管线资料整理录入，具有常规的属性数据管理功能，如录入、修改、查询等，便于查询分类，但不具备图形能力，不能对空间数据进行检索和分析；（2）管理信息系统与图形相结合，属性数据和图形数据分离，彼此不相关联，图形本身所蕴含的丰富信息不能被系统自动识别、提取和利用；（3）图形和数据库挂接，将图形与对应的属性记录关联起来，实现图形数据与属性数据互查。一般只能对单一图幅进行管理，对海量数据的一体化管理缺乏有效手段，不利于空间分析和检索，三维数据处理能力比较低；（4）管线存储模型的建立基于地理信息系统的地下管线管理系统，表达管线点、线、面之间的拓扑关系并建立管点、管线之间的关联关系，支持对管线数据进行专业的空间分析比如断面分析、连通分析等。当前，地下管线三维可视化和三维分析也逐渐成为地下管线系统的重要组成部分。

目前在美国、英国、加拿大、日本、德国、法国等发达国家，电力、电信、给水、燃气等市政公用事业领域，已广泛运用技术实现对地下管线的信息有效管理和分析。英国的伦敦、牛津都先后建立了市政设施管理系统，对地下管道数据进行有效的管理，利用该系统可以快速地获取管道的埋深、流量、位置、埋设时间、管径等信息。日本也在20世纪将全国的地下管线利用信息技术进行管理，建设了全国范围内的地下管线信息数据库。

20世纪末期开始，我国部分城市已经开始研究建立城市综合管线管理系统。当前，国内地下管线系统建设主要是供城市规划部门进行管线的规划管理，城市市政部门进行挖掘管理，城建档案管理部门进行工程档案管理，城市应急部门进行灾害管理，以及政府部门决策使用。

地下管线系统

重庆市勘测院立足重庆山地城市的实际，面向城市地下管线的规划、设计、建设、管理和应急需求，研发了"集景地下管线综合管理信息系统"，包括地下管线数据生产更新系统、地下管线共享交换平台、地下管线三维规划设计系统、地下管线移动巡检系统和地下管线综合管理信息系统五个子系统，建成了覆盖主城区及远郊区县地下管线综合数据库，为规划设计部门提供二维、三维辅助规划设计工具，为城市管理部门提供综合管理、应急抢险、辅助决策支撑，为管线权属单位提供专业管理、在线巡查巡检应用。

随着全国城市地下管线普查工作的推进，地下管线系统将进一步为各政府部门及管线单位提供高精度的空间信息服务，提升地下管线数据服务能力，促进市政设施规划设计和管理效率，推动市政设计技术进步。

八卦炉 ● 地图编制系统

一入八卦炉就相当于被整个世界炙烤与炼化，它可以造出你想要的任何物件，奇妙无比。在测绘界，有没有这样一种东西呢，只要有必要的输入，便可输出你想要的东西来？有！那就是地图编制系统。

八卦炉也称炼丹炉，看过《西游记》的人都知道太上老君的这个宝物。醉闹瑶池会后被捉的孙悟空，因为刀枪不入、雷打不动、水淹不死，最后被投入八卦炉，由此造就了一双火眼金睛。而且大家熟悉的如意金箍棒、九齿钉耙，以及观音菩萨的紫金铃等兵器、法宝都是经八卦炉锻造出来的。

按神话故事所述，八卦炉内蕴乾坤，按《易经》中的八卦分为八个方位，象征着天地万物。一入八卦炉就相当于被整个世界炙烤与炼化，它可以造出你想要的任何物件，奇妙无比。

那么在测绘界，有没有这样一种东西呢，只要有必要的输入，便可输出你想要的东西来？有！那就是地图编制系统。

地图作为描述、研究人类生存环境的信息载体，已经成为人类生产与生活中不可缺少的一部分。自诞生以来，地图学随着人类认知环境的进步而不断发展，在很长一段时间里逐渐形成了以手工绘制为主的地图制图技术。20 世纪 50 年代，逐渐兴起的计算机技术使地图制图行业发生了深刻的技术革命。进入 21 世纪后，计算机地图制图

八卦炉

技术和地图数据库的普遍使用促进了地图编制系统的大范围普及，手工制图逐渐退出历史舞台。

地图编制系统是指以计算机及其输入、输出设备为硬件承载，以地图数据库和数字化符号表达为技术手段，来实现计算机地图制图。地图编制系统可以利用多种来源的测绘地理信息数据，生产出各种地图作品，比如行政区划图、交通图、旅游图、影像图、三维图等，你的想象能到达哪里，地图就能覆盖到哪里。

计算机地图制图是生产技术升级带来的变革，其工艺流程也就随之发生了巨大变化，但其理论基础，如资料的搜集、投影和比例尺的计算方法、地图内容的取舍和表达方法、综合原则等，并没有发生实质性的变化。计算机地图制图目前分为四个阶段。一是地图设计，根据实际要求收集和整理相关资料，通过适当的方法确定地图投影、比例尺、内容及其表达方法、版式设计等。这一阶段形成的成果就是地图设计方案。二是数据输入，就是将制图资料（如地形图、图像、表格、文字等）转化成电子数据，储存在计算机上以供使用。三是数据处理，对电子数据进一步加工处理，使其利于符号化的统一表达，其处理过程包括了

选取、综合、变换、配色、符号化和注记配置等。四是图形输出，是将数字地图成果输出为可视的模拟地图，既可以用屏幕的形式输出（如JPEG、PDF等格式），也可以用打印机、绘图仪等输出纸质地图。地图编制系统能生产出满足各类要求的复杂地图成果，广泛应用于普通地图、交通、人口等各类专题地图，以及地图集、册的制作。

流星锤 ◎ 数字摄影测量工作站

流星锤上、中、下三路皆可攻，眼、手、脚三器须协调，与之相似的自然要属数字摄影测量工作站。

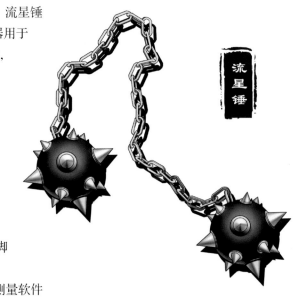

　　流星锤是一种软兵器，它以绳索一端系住锤体，另一端握于手中，攻击时用力向目标抛出，又名飞锤。流星锤是由远古狩猎工具流星索发展而来的，后作为兵器用于战争。战国时代水陆攻战图上就有双手施放流星锤，以袭击敌人的情形。清代民间跑江湖的卖艺人，常使用流星锤"打场子"。流星锤不仅能缠住对方，还可以打击对方。流星锤攻击方向可上可下，攻击方式可缠可捶，动作多变，套路繁杂，需手眼密切配合，方能攻击稳准。

　　流星锤上、中、下三路皆可攻，眼、手、脚三器须协调，与之相似的自然要属数字摄影测量工作站。它的上三路为眼，即立体眼镜；中三路为手，即左右手轮；下三路为脚，即脚盘和脚踏板。使用者眼、手、脚相互配合，精准测绘。

　　数字摄影测量工作站是一种由计算机、摄影测量软件和输出设备构成的多功能基础地理信息平台，具有高精度、大容量、高处理速率、高显示分辨率、良好的用户界面等特性。

　　简单来说，就是用装着专业照相机的飞行器对同一个地区进行多次拍摄，获得具有一定视觉差异的数字图像。利用这种视觉差异，经过专业摄影测量软件的各种运算后，就可以"恢复"这些图像在实地的空间位置和物理信息了。将这些带有立体和物理信息的图像输送到计算机主机，经过专业的立体影像生成卡处理后输送到显示器屏幕上，借助立体眼镜就可以看到立体的图像了，就同看3D电影一样。而且，摄影测量工作站里的立体影像不仅能"看"，还可用于绘图。操作人员借助手轮、脚盘、脚踏板控制光标水平左右、位置高低移动，就可以将立体环境下看到的高山起伏、房屋分布、水系走向、道路网络等重要的地形和地貌对象描绘出来，再通过特定的符号、线条、文字表达，以及后期加工，形成形式多样的地图产品。这种测绘方式，既能达到比较好的精度，也可以减少野外实际绘图的环境限制，其工作效率高，能广泛满足经济建设对高精度地形图测绘的需求。

数字摄影测量工作站的发展大体可分为三个阶段。一是概念试验阶段，从20世纪60年代至20世纪80年代末。"早在20世纪60年代，第一台解析测图仪AP-1问世不久，美国研制出了第一套真正意义上的全数字化测图系统。该系统包括有一台IBM 7094型数字计算机，透明像片的数字化扫描晒印机，连同一架立体坐标量测仪。"[1]

二是商品化萌芽阶段，从1988年至1992年。1988年京都国际摄影测量与遥感协会第16届大会上展出了商用数字摄影测量工作站（DSP1）。DSP1的光学部件用于立体观察数字图像，可改正斜视、图像旋转。软件则采用模块结构，许多程序业已存在，只需将其集成而已。

三是规模化生产阶段，从1992年至今。1992年8月在美国华盛顿第17届国际摄影测量与遥感大会上，多套较为成熟的产品面向全球展示，这表明了数字摄影测量工作站步入生产阶段。1998年

6月，我国具有自主知识产权的全数字摄影测量系统——JX4数字摄影测量工作站研制成功，取代了昂贵的模拟和解析摄影测量仪器。我国此后研发的DPGrid系统，实现了数字摄影测量的自动化并行处理，革新了摄影测量的生产流程，既能发挥自动化的高效率，也能大大提高人机协同的效率。

近年来，数字摄影测量工作站被广泛应用于测绘工作中，特别是在4D产品（数字正射影像、数字高程模型、数字线划图、数字栅格地图）生产、国民经济和重大国情的调查研究、资源与环境的调查研究、自然灾害的监测和评估等诸多领域大显身手，用途较为广泛。

数字摄影测量工作站

认清测绘江湖——从十八般武艺开始

1. 张剑清，潘励，王树根：《摄影测量学》，武汉大学出版社，2003年，208-212页。

方天画戟 ◎ 集群式影像处理系统

方天画戟是综合体，用法多变、功能强大，相当于同时使用多种兵器击打对手，威力惊人。集群式影像处理系统似方天画戟一般，它采取并行计算的方式，大大加快了测绘信息的处理速度。

从科学技术发展的规律看，科技进步解决了现实问题，提高了社会生产力，同时又催生了新问题；新问题的解决要依赖于科学技术的新发展，再产生问题，再解决，如此往复循环。

测绘数据的获取与处理技术的发展与此是一个道理。航空数码相机和遥感信息获取技术经过几十年的发展，每时每刻都将产生大量的对地观测数据。然而传统航空摄影测量的数据处理能力远远不能满足要求，运算速度十分缓慢。比如一个中等城市的航空影像数据，从空中三角测量到正射影像图的生成，需要一年甚至更长的时间。

在这种时代背景下，急需一种可并行和可扩展的海量遥感数据处理平台来实现快速、高效的数据加工和产品制作。集群式影像处理系统应运而生，成为当前数字摄影测量研究和应用的热点而备受关注。

集群式影像处理系统的速度之所以快，是因为它将一个任务分割形成若干个能够独立运行的子任务，在物理上进行分散的"同时执行"而实现并行计算。在兵器谱中，方天画戟的结构和功能与之最为类似。

说起方天画戟，最有名气的使用者莫过于吕布。虎牢关前，刘关张三英战吕布，奠定了方天画戟在三国诸多猛将手上利器

方天画戟

中的霸主地位。直到吕布死后，关羽的青龙偃月刀才坐上第一把交椅。

早期的戟是中国古代一种将矛和戈功能合为一体的兵器，而后来的戟是杆一端装有金属枪尖，一侧有月牙形利刃通过两枚小枝与枪相连的兵器。一侧有利刃的是青龙戟，两侧都有利刃的才叫作方天画戟。就是因为方天画戟同时带有一个枪尖和两把弯刀，所以它不同于一般意义上功能单一的兵器，如刀、剑、锤等，它的用法很多，功能强大。方天画戟可刺可砍、可拍可架、可铲可勒、可别可锁。一戟击中，相当于集群式影像处理系统"并行运算"一样，它可以使对手多处受伤，且受创面积大，轻则重伤，重则立时毙命。

从结构上看，集群式影像处理系统由刀片服务器、磁盘阵列、工作站和千兆以太网交换机四大部分组成。每个刀片服务器即为一个计算节点，而磁盘阵列用于存储海量航空影像数据，工作站就是用于管理和分发任务的客户端，它们最终通过千兆以太网交换机等设备建立连接，集合成一个服务器集群来实现资源的共享。

集群式影像处理系统采用并行处理方式，基于多影像多基线匹配、多传感器匹配等新技术，可处理大重叠度影像的高性能遥感影像数据。软

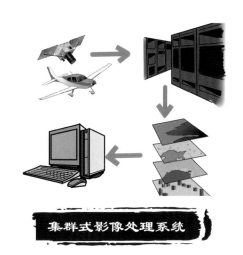

集群式影像处理系统

件可以进行多源遥感数据的综合处理，显著特点是数据的吞吐量大、算法的精度高、自动化的程度高，可实现多任务调度与管理等，将生产、质检、管理等功能综合集成，从而提高数字摄影测量、遥感数据处理，以及空间信息提取的效率。

近年来，集群式影像处理系统被广泛应用于航空、航天等影像处理领域，大大提高了空中三角测量、数字地表模型自动提取、数字高程模型编辑、数字微分纠正、影像融合、镶嵌线自动提取、影像匀光、影像镶嵌及裁剪等数据处理环节的工作效率，优化了常规的工作流程，通过少量人工干预即可得到数字地表模型、数字高程模型、传统正射影像、真正射影像等产品。

太极图 ◉ 三维地理设计平台

地理设计及三维地理设计平台问世后，如同太极图一般，定地风，住水火，分清浊，包万象，转化阴阳，为政府决策者、设计师、学者提供了新的工具和思路。

在《封神演义》中，太极图是天道圣人太上老君的证道至宝，是至高无上的开天圣器。太极图展，天地动容，日月变色，它玄妙无限、造化无穷，能消解一切攻击，又无视任何防御。太极图可化为一座白玉金桥，连接天道圣威，可降服无数宝物兵器，消灭所有来犯之敌，也可将无数时空化为鸿蒙混沌。它拥有平地水火风之威、转化阴阳五行之力、分理天道玄机之功、包罗大千万象之能。

太极图这种能定地风，住水火，转化阴阳的强大功能，毕竟是神话传说，现代科技自然无法实现。但其分清浊、包万象的功能在现代世界里还是能够达到的，在测绘领域，能与太极图这一功能类似的就是三维地理设计平台。

在规划和工程建设领域，测绘地理信息面向设计长期以来只是提供地图和工作底图，为规划设计和工程设计提供更有效的方法和工具一直是测绘地理信息行业的使命。2009 年，地理信息和设计领域的学者在首届地理设计峰会上首次提出"地理设计"这一新名词，并对其

概念进行了深入探讨。地理设计及三维地理设计平台的问世，如同太极图一般，定地风，住水火，分清浊，包万象，转化阴阳，为政府决策者、设计师、学者提供了新的工具和思路。

地理设计利用大量的信息技术、强大的计算工具，联合多方利益者和参与者，采用合适的方案以应对气候变化、粮食安全、城市化、环境污染、生物多样性减少等带来的挑战。在国外，在一批地理、规划设计行业学者和专家的倡导与实践下，欧美一些地区的区域和城市规划、景观设计、环境保护、生态保护、教育等领域的地理设计应用蓬勃兴起。在国内，地理设计在规划设计中的应用涉及生态格局安全、土地利用规划、城市规划设计、自然与文化遗产保护等领域。

总体而言，地理设计在规划设计领域尚属较新的概念，国内一些地理科学家开展了前沿性探索工作。根据面向服务规划和建设的需求，重庆市勘测院自主研发了"集景三维地理设计平台"。平台针对城镇规划设计需要，以高精度虚拟地理空间环境为依托，提供海量多源异构数据的分布式存储、调度及服务，支持方案参数化设计、实时模拟与综合评估，引领基于云门户和云盘的规划设计共享新模式，改变了以往测绘地理信息行业提供二维背景底图的单调服务模式，拓展了地理信息行业数据的应用和服务，当前已经成功应用到多个区域的规划编制、园区咨询等项目中。

三维地理设计平台

认清测绘江湖——从十八般武艺开始

山河社稷图 ◎ 三维数字城市平台

三维数字城市平台如同山河社稷图一般，"法自然之方寸，缩天地于盈亩"，内有天地，滋养天人，足不出户便可精确感知城市经济运行，细细品味山川瑰丽神奇。

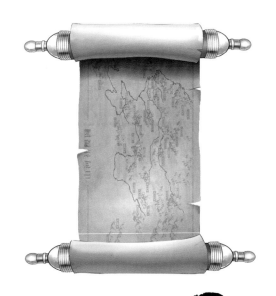

在古代神话中，女娲娘娘有一个威力巨大的法宝——山河社稷图。图里记录着洪荒山水地脉的走向，内有山川河岳、日月星辰、花草树木、飞禽走兽……灵宝中的无边灵气孕育着亿万生灵，又尽在生灭之间，应有尽有，仿佛图中有一个真实的社稷世界。

此图厉害至极。在《封神演义》中，山河社稷图制服的对手是袁洪。袁洪何许人也？乃千年道行的白猿成精，精通八九玄功，是梅山七怪之首，神通广大。他的神通与杨戬无二，二人斗法，七十二般变化，无所不用其极，仍是不分轩轾，致使西岐军停滞不前。后女娲娘娘赐予杨戬山河社稷图，引得袁洪进了图中，现了原形，最终才被杨戬用缚妖索捆住。

在测绘地理信息行业，随着计算机技术和信息技术的发展，逐渐兴起了三维数字城市平台，将城市地理、资源、环境、人口、经济、社情及各种社会服务等复杂系统进行数字化、网络化、虚拟仿真化。犹如山河社稷图一般，"法自然之方寸，缩天地于盈亩"，内有天地，滋养天人，足不出户便可精确感知城市经济运行，细细品味山川瑰丽神奇。

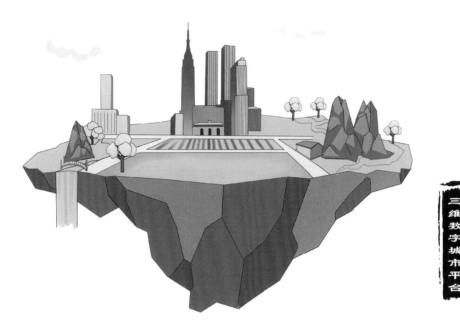

三
维
数
字
城
市
平
台

认清测绘江湖——从十八般武艺开始

　　通过宽带多媒体信息网络、地理信息系统、虚拟现实技术等基础技术，三维数字城市建设整合城市信息资源，构建基础信息平台，建立电子政务、电子商务等信息系统和信息化社区，实现城市国民经济信息化和社会公众服务数字化。国内信息建设较发达的大中型城市（如上海、深圳、广州、武汉、重庆等）的政府部门在城市规划、管理、应急、环保、水利等领域都积极推行三维数字城市建设，且其在军事仿真、虚拟旅游、智能交通、海洋资源管理、石油设施管理、无线通信基站选址、环保监测、地下管线等领域备受青睐。

　　三维数字城市发展的一个突出标志就是三维数字城市平台的兴起和广泛应用。三维数字城市平台能够全面表达城市的形态、布局以及现状、规划等信息，全方位地为城市规划、建设与管理工作提供信息支撑和手段支持，满足政府部门对三维数据资源的在线应用需求。平台目前已经历了从单机到网络化、从部门应用到通用化、从行业应用到综合应用的过程。

　　三维数字城市平台建设离不开三维地理信息系统。自 20 世纪 80 年代末以来，在传统二维地理信息系统已不能满足应用需求的情况下，空间信息三维可视化技术成为业界研究的热点，并以惊人的速度发展起来。美国推出了 Google Earth、Skyline、World Wind 等软件，我国也紧随推出了 EV-Globe、GeoGlobe、VRMap、IMAGIS、CityMaker 等软件与国外软件竞争本土市场。重庆市勘测院经过多年自主研发，形成了"集景三维数字城市平台"软件，平台提供数据多源异构、应用丰富多样的三维数字城市解决方案，实现城市三维模型、倾斜摄影模型、建筑信息模型等数据的融合集成、建库、发布、应用一体化，被中国测绘学会评为 2017 年测绘地理信息创新产品，在重庆市及国内多个城市得到了广泛应用。

火眼金睛 ◎ 城市基础设施安全监测云平台

在我们的现代生活中，很多地方也需要有这样一双"火眼金睛"，有了它，我们可以更加清楚地看到隐患和问题的所在，及早采取预防和处置措施，有效避免或降低损失，保障社会安宁、人民幸福。

　　提到孙悟空，很多人首先想到的可能是金箍棒，其次应该就是他那一双火眼金睛。当初太上老君奉玉皇大帝之命，将孙悟空丢进八卦炉中，本意是将这只惹事的猴头烧成灰烬。不料孙悟空躲进了八卦中的巽位，而巽主风，因而只有烟而无火。孙悟空不仅幸而未死，还因烟熏而得到这一双火眼金睛。取经途中，孙悟空就是依靠这双具有特殊功力的眼睛，提前发现了许多妖魔鬼怪。

　　在我们的现代生活中，很多地方也需要有这样一双"火眼金睛"，有了它，我们可以更加清楚地看到隐患和问题的所在，及早采取预防和处置措施，有效避免或降低损失，保障社会安宁、人民幸福。城市基础设施安全监测云平台就是一类对城市重大基础设施进行实时安全监测的系统，它好比孙悟空的一双火眼金睛，锐利无比，能分清敌我、识别真伪。

　　城市基础设施是城市发展的物质基础和经济可持续的必备条件，也是衡量一个城市竞争力大小和居民生活水平高低的重要标志。目前我国绝大多数城市仍处于基

火眼金睛

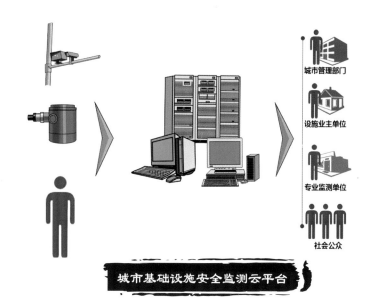

城市管理部门

设施业主单位

专业监测单位

社会公众

城市基础设施安全监测云平台

础设施建设的高峰期，桥梁、隧道、大型场馆等公共基础设施建设发展迅速。与之相应，城市基础设施安全监测提上重要日程。

由于监测项目众多，类别各异，数据采集量庞大，传统的安全监测系统已经难以满足多类监测项目同时进行、海量数据处理分析和管理的需求。随着通信技术和监测设备的不断升级，动态实时监测逐渐成为安全监测的主要手段。

城市基础设施安全监测云平台是以云计算技术为平台构架，利用物联网技术实现外部监测设备的集成与数据传输，结合当前国际国内先进的安全监测技术建设的一种重大基础设施。由重庆市勘测院研制成功的一种城市基础设施安全监测云平台，采用多传感器集成、虚拟化、分布式存储、并行计算和多平台开发等技术手段。物理上包括数据采集子系统、数据传输链路、云计算基础设备和安全监测应用系统四个子系统；逻辑上含资源层、虚拟化层、管理层和服务层四层架构；功能上由云平台资源管理、安全监测业务管理和安全评估三个子系统构成。

城市基础设施安全监测云平台为重大基础设施海量安全监测数据的采集、存储、计算、管理、评估，以及应急辅助决策提供了解决方案，可向相关政府部门、建设部门、监测单位和社会公众提供重大基础设施动态监测信息，供不同用户在线查询、了解重大基础设施安全状况，并在特殊时期为政府相关部门制定应急措施，提供辅助决策信息。

继往开来

测绘仪器发展前景

　　随着信息技术的发展，测绘现代化建设、测绘信息化发展进入了一个新的阶段。测绘学科从单一学科走向多学科的交叉与渗透，测绘应用领域更加广泛和多元化。信息时代的测绘学已经不再是单纯的测量站点几何位置的几何科学，而成为一门研究空间信息数据的信息科学。测绘仪器获取的不仅仅是坐标、方位、距离、角度等简单的信息，还应包括各种属性特征。因此，现代测绘学不仅要解决地理位置的空间定位问题，而且要完成地理位置上属性数据的采集和管理。信息时代的测绘仪器应该有利于各种属性数据的采集、存储、管理和利用，这样就可以使测绘仪器产生的地理空间数据更方便地服务于城乡发展规划、国民经济建设、国防建设等诸多领域。[1] 因此，现代测绘仪器的发展将面向如下几个方向。[2]

　　1. 测绘服务全球化

　　随着科技的进步，受需求驱动，人们对数据的需求已不再局限于国内、地区和行业，其呈现数据需求面更广、专业覆盖更多、空间分布全球化等特点。常规测绘仪器已不能满足需要，全球范围遥测、遥感和快捷、高效、及时地获取数据将是未来主要需求和发展方向。

2. 测绘信息全息化

随着社会的发展，以及行业影响力的提升，测绘成果的服务面也得到了延伸。而传统测绘矢量图成果对使用者专业技术要求高，能提供的属性信息少，表现形式单一。社会各界对测绘产品提出了更加广泛的要求，对测绘成果的展现形式提出了挑战，传统"点线面"已不能适应社会需求。空间立体化、信息全面化、属性精准化、展现形式多样化、数据存储海量化云端化等需求对测绘仪器在数据采集获取方面提出了更高的要求。

3. 测绘载体全员化

随着测绘范畴不断延伸和扩展，测绘已不再局限于静态地物、地形地貌的空间位置，而是更加关注动态的发展过程。测绘传感器已不再局限于全站仪、水准仪、卫星定位系统，多传感融合集成是未来的发展方向。依靠广大社会用户的"泛在测绘"将在未来测绘数据采集中占据绝对比重。随之而来的测绘传感器简单化、大众化，数据处理网络化、集成化、专业化、多元化将成为测绘的新特点。社会全体都是测绘数据的生产者，也是测绘数据的使用者。

4. 数据获取全天化

时间是人类活动的关键维度，反映事物发展的规律。如今动态实时已成为广泛需求，在某个时刻的状态远比现在的状态重要。测绘数据的实时性、动态性、可追溯性与数据的价值、可用性高度相关。其数据获取实时化、适时化、全天化需求也日益显著，社会关注度也越来越高。测绘仪器实时获取数据、处理数据的能力将是其价值的根本体现。

5. 数据分享全域网络化

互联网正快速改变着人们的生活，人们对互联网的依存度越来越高，互联互通、快速实时的使用要求与日俱增。特定区域、特定人群数据实时化需求也对网络化提出了新的要求，"互联网＋"的时代格局正逐渐促使数据服务能力得到提升，大数据、云环境将进一步促进测绘仪器设备的网络化发展。

1. 孙祎雯：《测绘仪器的发展及其趋势》，载于《现代经济信息》，2008 年第 8 期，95 页。
2. 刘经南：《泛在测绘与泛在地图的概念与发展趋势》，引自中国全球定位系统技术应用协会 2010 年会暨"十二五"卫星导航定位产业面临的机遇与挑战专家论坛。

后　记

你看那大道通远，大桥飞跨，楼宇拔地而起，人们往来活动，快速便捷……其实这一切都离不开测绘工作打下的坚实基础，当然更离不开这背后默默付出的测绘人，他们风云叱咤，战天斗地，为今时今日之城乡建设，开辟着发展的康庄大道，用青春的容貌换来城乡的新颜。如何让测绘人从幕后走向台前，进入社会大众的视野，让测绘文化如"旧时王谢堂前燕"，能够"飞入寻常百姓家"，是编者初心。

为此，编者丹心弘毅，先后数次集头脑风暴之力，生出"当测绘遇上武林，会碰撞出怎样的火花？"这一点子，决定将测绘江湖化，从测绘人日常使用的工具着手，效法"江湖百晓生"，编撰一部《测绘兵器谱》，通过展现测绘工具的用途，传承测绘文化。一来我们测绘工作，战天斗地，栉风沐雨，为城乡建设保驾护航，符合武林中仗剑江湖，为国为民的侠义精神。二来说到江湖，人人可谓身在江湖，大家都是江湖儿女，这样就拉近了测绘与外界的联系，我们的测绘工作者才变得可近、可知，我们的测绘工作也变得通俗易懂。主意拿定后，重庆市勘测院便从大家好奇的测量仪器着手，开始全力打造《测绘兵器谱》，一面将所有测绘仪器进行整理归类，并记录各个仪器的功能作用，另一面收罗远至"上古神器"，近至"十八般武器"，梳理各种兵器的特点，根据测绘仪器与兵器之间的相似之处进行一一匹配，以兵器名称给测绘仪器命名。

于是开始组建团队，邀请了测绘地理信息行业领域的专家、研究人员、编辑人员、设计人员等。他们有的从事测绘工作多年，有着深厚的研究功底和造诣，在测绘地理信息行业领域多次荣获重要奖项荣誉；有的先后参与了多部大型图书的编纂工作，拥有丰富的制作经验。大家各司其职，黾勉从事，经过方案制定、资料收集、三维设计、文字编辑、编排设计，历两度冬夏，兵器谱终将付梓。

作为全国首本以兵器介绍测绘仪器的科普书籍，希望能引起社会对测绘的更多关注，并进一步推广测绘文化，促进行业的发展。本书以兵器喻为工具，将测绘融入江湖，作为弘扬测绘文化首次尝试，既十分荣幸又不甚惶恐。所幸自编撰以来，得到了广州南方测绘科技有限公司、测绘出版社等全国各省区市行业单位、高校、科研机构的大力支持和帮助，得到了测绘地理信息科技出版资金管理委员会、重庆市陈翰新首席专家工作室、李维平技能专家工作室的资金支持，在此表示最衷心的感谢。

本书由重庆市勘测院组织编写，陈翰新负责全书的策划和统校定稿，何德平负责兵器部分的统校定稿，向泽君负责测绘仪器部分的统校定稿。

"前世今生"部分具体由陈翰新、岳仁宾、周隽编写；"初出江湖"由何德平、黄勇、万正忠、尹国友、颜宇、廖胤齐、熊德峰、黄赟、肖先华、李川疆、刘圣田、廖亚兰、王志耕、左文博编写；"融会贯通"部分具体由何德平、王明权、白轶多、黄承亮、方忠旺、王志耕、魏世轩、薛梅、廖胤齐、郑勇编写；"驾轻就熟"部分具体由向泽君、李仁忠、胡应清、王春阳、邵秋铭、李约、周海波、陈朝刚、陈祥锐、滕德贵、周林林编写；"了然于胸"部分具体由陈翰新、黄永红、尹国友、彭文、郑跃骏、王满、李哲、冉烽均、袁长征、李超、王大涛、欧阳明明、李伟、杨晓鹏、阮义仁；"撼天动地"部分具体由向泽君、周智勇、李华新、欧阳晖、刘超祥、聂晓松、张俊前、马红、贾贞贞、梁建国、李川疆、严以成、向高照编写；"乘风破浪"部分具体由何德平、朱清海、胡应清、黄勇、易娇、令狐进、张均、王满、闫勇、任佳良编写；"出神入化"部分具体由向泽君、尹国友、王昌翰、王国牛、王快、柴洁、李锋、何兴富、李哲、张恒、王文涛编写；"继往开来"部分具体由陈翰新、朱清海、张晨光编写；"后记"部分具体由李淑荣、肖城龙编写。

本书出版时间紧，工作量大，虽经数番校订，然而限于编者学识，仍不免有挂一漏万之处，尚祈读者与专家雅正。

编者

2018 年 10 月

图　谱

认清测绘江湖——从十八般武艺开始

一九
北斗七星图
天文经纬仪（全能经纬仪）

二〇
风火轮
车载移动测量系统

二一
天罡北斗阵
北斗地基增强系统

二二
时之刃
天文测量计时系统

二三
八卦云光帕
调绘平板电脑

二四
鸳鸯刀
水准尺

二五
斗转星移
棱镜

二六
大八蛇矛
对中杆

二七
崆峒印
三角架

二八
梅花桩
测量标志

二九
靶子
觇牌

三〇
雷公钻
垂球

三一
琉璃瓶
气压计

三二
齐眉乌金棍
温度计

三三
捆仙绳
引张线

三四
冰魄银针
应变计

三五
太极尺
倾斜仪

三六
方铁锤
重力仪

三七
天眼
射电望远镜

三八
九龙神火罩
爆破测振仪

三九
伏羲琴
振弦式传感器

四〇	四一	四二
盘古斧　连续电导车测试仪	无影神针　地质雷达	盘古幡　合成孔径雷达

四三	四四	四五
子母龙凤环　地磁仪	峨眉刺　浅地层剖面仪	照妖镜　管线探测仪

四六	四七	四八
天神之眼　管道内窥电视摄像检测系统	一阳指　电子手绘屏	飞刀　多旋翼无人机

四九	五〇	五一
天梭　固定翼无人机	千里眼　航摄仪	通天境　倾斜相机

五二	五三	五四
落宝金钱　航空遥感飞机	混元珍珠伞　遥感卫星	天网　全球导航卫星系统

五五	五六	五七
方节鞭　测深杆	混天绫　水听器	夺命渔叉　声速仪

五八	五九	六〇
定海神针　潮位仪	震天箭　海流针	天魔琴　侧扫声呐

六一 碧玉琵琶 / 水下声学定位系统	**六二** 碧海潮生曲 / 多波束测深仪	**六三** 金瓜霹雳锤 / 海洋重力仪
六四 秦淮古镜 / 浮潜标系统	**六五** 九天十地辟魔神梭 / 海洋测量船	**六六** 凤凰 / 无人测量船
六七 状元笔 / 绘图仪	**六八** 乾坤袋 / 数字测图系统	**六九** 照妖鉴 / 地下管线系统
七〇 八卦炉 / 地图编制系统	**七一** 流星锤 / 数字摄影测量工作站	**七二** 方天画戟 / 集群式影像处理系统
七三 太极图 / 三维地理设计平台	**七四** 山河社稷图 / 三维数字城市平台	**七五** 火眼金睛 / 安全监测云平台、城市基础设施